发电企业安全教育培训教材

防火防爆和中毒窒息防控

白泽光 等 编绘

中国电力出版社
CHINA ELECTRIC POWER PRESS

内 容 提 要

本书为"发电企业安全教育培训教材"之一。

本书是针对现场作业时，防止火灾与爆炸、中毒与窒息事故发生，保障人身安全而编写的，主要内容包括火灾与爆炸安全风险辨识，易燃易爆物品火灾防控，作业现场火灾防控，输煤（制粉）系统火灾防控，油系统火灾防控，氢气系统火灾防控，风力发电机组火灾防控，火灾与爆炸防控安全措施，防止火灾事故的相关内容；中毒与窒息安全风险辨识，密闭容器内中毒防控，沟道（池）内中毒防控，煤灰斗（仓）内中毒防控，危险化学品中毒防控，刷（喷）漆中毒防控，中毒与窒息防控安全措施，防止中毒与窒息事故的相关内容。

本书以培训电力行业一线员工的安全素质为目的，采用图文并茂的形式，通俗易懂、生动活泼、实用性强，贴近一线作业现场。

本书为电力行业一线工作人员、安全生产管理人员、安全监理人员的培训教材，也可作为大专院校安全专业课程的参考资料。

图书在版编目（CIP）数据

防火防爆和中毒窒息防控 / 白泽光等编绘. —北京：中国电力出版社，2017.5
发电企业安全教育培训教材
ISBN 978-7-5198-0692-7

Ⅰ.①防… Ⅱ.①白… Ⅲ.①电工–安全技术–安全培训–教材 Ⅳ.①TM08

中国版本图书馆CIP数据核字（2017）第 078935 号

出版发行：中国电力出版社
地　　址：北京市东城区北京站西街 19 号（邮政编码 100005）
网　　址：http://www.cepp.sgcc.com.cn
责任编辑：孙　芳（010-63412381）马雪倩
责任校对：李　楠
装帧设计：王英磊　赵姗姗
责任印制：蔺义舟

印　　刷：北京九天众诚印刷有限公司
版　　次：2017 年 5 月第一版
印　　次：2017 年 5 月北京第一次印刷
开　　本：880 毫米 × 1230 毫米　32 开本
印　　张：5
字　　数：121 千字
印　　数：0001-2000 册
定　　价：**30.00** 元

随着人们对人身安全的高度重视，"以人为本、生命至上、本质安全"的安全理念已深入人心，成为社会共识。国家对安全生产要求越来越严，企业面临的安全法律责任越来越大，迫切需要我们不断夯实安全管理基础，促进企业安全管理水平提升。而抓好企业安全培训工作是强化安全生产基础的有效方式，是提高员工安全意识和素质的有效手段。安全素质建设是企业安全生产的根之所系、脉之所维。

本系列教材针对电力生产现场存在的危险因素，以及作业过程中易造成的人身伤害事件，总结电力行业积累的现场实际经验，以培训员工安全素质为目的，以生产现场一线为抓手，以防控人身安全为重点，以控制和消除现场的危险因素为手段，按照事故类别的特点，采用图文并茂的形式，精心编制而成。本系列教材包括：高处坠落防控；起重伤害防控；触电防控；防火防爆和中毒窒息防控；物体打击和机械伤害防控；灼烫伤、坍塌、淹溺防控；道路交通、车辆伤害。

《防火防爆和中毒窒息防控》分为三章。第一章：概述。主要内容包括安全风险，作业风险辨识，发电企业人身安全风险防控分类、措施、方法。

第二章：火灾与爆炸，是针对在易燃易爆场所、动火作业场所，为防止火灾爆炸事故发生而编写的。主要内容包括火灾与爆炸安全风险辨识，易燃易爆物品火灾防控，作业现场火灾防控，输煤（制粉）系统火灾防控，油系统火灾防控，氢气系统火灾防控，风力发电机组火灾防控，火灾与爆炸防控安全措施、防止火灾事故的相关内容。

第三章：中毒与窒息，是针对有限空间或有毒有害场所作业时，防止人员中毒窒息事故发生而编写的。主要内容包括中毒与窒息安全风险辨识，密闭容器内中毒防控，沟道（池）内中毒防控，煤灰斗（仓）内中毒防控，危险化学品中毒防控，刷（喷）漆中毒防控，中毒与窒息防控安全措施，防止中毒与窒息事故的相关内容。

本书为电力生产现场提供了内容丰富、系统全面、切合实际的培训资料和实用性手册，具有通俗易懂、生动活泼、实用性强、贴近实战等特点，可作为电力行业一线员工、安全生产管理人员、安全监理人员必备的培训教材，也可作为相关院校安全专业课程的参考资料。

由于作者水平有限，编写仓促，书中如有不妥之处，恳请读者提出宝贵意见和建议。

编者

2017 年 5 月

目　　录

安全生产风险管理最早由美国宾夕法尼亚大学所罗门·许布纳博士提出，其内容是指各经济单位通过识别、衡量、分析安全风险，并在此基础上有效控制安全风险，用经济合理的方法综合处置安全风险，实现最大安全保障的科学管理方法。

安全生产事故分类工作也始于美国。美国劳工统计局早在 1920 年出版了《工业事故统计标准方法》，1937 年此方法获得美国标准局正式批准，名为《搜集编制工业事故原因的标准方法》，并历经 1941、1962、1969、1973、1977 年的多次修订和完善，确定为《记录工作中的人身伤害性质及过程的有关基础事实的记录方法》。以后，其他许多国家，诸如日本、法国、印度及苏联等的事故分类方法，虽在内容上不尽相同，但大多源自或仿效于美国。

我国现行的 GB/T 6441—1986《企业职工伤亡事故分类》基本上是以美国标准为依据，在参考日本现行的事故分类方法的基础上形成的。该标准按照引起事故的起因物将伤亡事故分为 20 类：① 物体打击；② 车辆伤害；③ 机械伤害；④ 起重伤害；⑤ 触电；⑥ 淹溺；⑦ 灼烫伤；⑧ 火灾；⑨ 高处坠落；⑩ 坍塌；⑪ 冒顶片帮；⑫ 透水；⑬ 放炮；⑭ 火药爆炸；⑮ 瓦斯爆炸；⑯ 锅炉爆炸；⑰ 容器爆炸；⑱ 其他爆炸；⑲ 中毒和窒息；⑳ 其他伤害。

近年来，随着人们对安全生产风险管理的深入探讨和研究，认识到在生产活动中总会伴随着安全生产风险，安全生产风险是潜在的、随时存在的，只有消除了安全生产风险，才能搞好安全生产，防止各类事故的发生。随着社会的进步，企业体制、机制改革的不断深化，人们思想认识水平的不断提升，对曾发生过的事故不断总结和分析，积累了大量的宝贵经验，对安全生产风险的认识也逐步加深，开始从传统的经验管理向现代的风险管理转变，从事后管理向预防管理转变。

发电企业人身安全生产风险管理工作是以预防为主，即通过有效的管理和技术手段，防止人的不安全行为、物的不安全状态出现，从而使事故发生的概率降到最低。其基本出发点源自生产过程中的事故是能够预防的观点。除了自然灾害以外，凡是由于人类自身的活动而造成的危害，总有其产生的因果关系，探索事故的原因，采取有效的对策，原则上讲就能够预防事故的发生。因为预防是事前的工作，所以正确性和有效性就十分重要。生产系统一般都是较复杂的系统，事故的发生，既有物的不安全状态的原因，又有人的不安全行为的原因，事先很难估计充分。有时重点预防的问题没有发生，但未被重视的问题却酿成大祸。为使预防工作真正起到作用，一方面要重视经验的积累，对既成事故和大量的未遂事故进行统计分析，从中发现规律，做到有的放矢；另一方面要采用科学的安全分析、评价技术，对生产中人和物的不安全因素及其后果做出准确的判断，从而实施有效的对策，预防事故的发生。

第一节　安　全　风　险

风险是指在某一特定环境下、某一特定时间段内，某种损失发生的可能性。换句话说，是在某一个特定时间段里，人们所期望达到的目标与实际出现的结果之间产生的距离称为风险。

风险由风险因素、风险事件、风险损失三个要素组成。

【案例】某厂工作人员在高处作业时未系安全带，未穿防滑鞋，作业中因脚手架板上有油不慎滑倒，从3m高处坠落，正好被地面上的钢筋穿透身体（见图1-1），当场死亡。

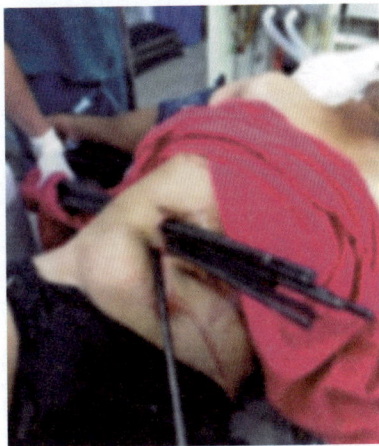

图1-1　高处坠落事件

本案例中，高处作业、未系安全带、未穿防滑鞋、脚手架板上有油、坠落区域下方有钢筋棍均属于风险因素，如果控制好这些风险因素，就可以避免此类事故的发生。如果作业人员系好安全带，即使坠落，也不一定会造成人身伤害事件；如果作业人员穿好防滑鞋，即使有油，也不一定会滑倒坠落；如果脚手架板上没有油，作业人员也不一定会滑倒坠落；如果坠落区域下方没有钢筋棍，作业人员即使从3m高处坠落也不一定会死亡。

本案例中，高处坠落事件就是风险事件；当事人的死亡就是风险事件所导致的风险损失；原上班挣钱养家为目的与死亡的结果之间产生了巨大的距离，这就是风险。

可见，风险是指发生某种损失的可能性（概率）；事件是指风险的可能性转化成了现实性（结果）。风险作用链如图 1-2 所示。

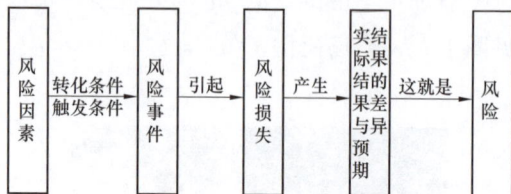

| 风险因素 | 转化条件 触发条件 | 风险事件 | 引起 | 风险损失 | 产生 | 实际结果与预期结果的差异 | 这就是 | 风险 |

图 1-2　风险作用链

总之，风险因素的增加会导致风险事件发生的可能性增加，而风险事件的发生可能导致风险损失的出现。这就是风险要素之间的辩证关系。

第二节　作业风险辨识

任何一项作业总会存在各种各样的风险，作业全过程由若干个作业节点构成，如果将每个作业节点存在的风险辨识出来，并进行有效的防控，就完全可以保证作业全过程的安全。通常，辨识工作任务的主要作业节点有下达工作任务、接收工作任务、个体防护、作业现场、作业行为、作业结束。

一、下达工作任务

工作任务通常由上级给下级单位或本单位领导给下属工作人员下达，下达任务时应做好以下工作：

（1）必须考虑工作任务的可行性、安全性，工作量和工期，存在的风险及防控措施。

（2）下达人必须考虑接收人的工作能力，是否能胜任此项工作。

（3）下达人必须向工作负责人交代安全风险、安全措施及注意事项。

二、接收工作任务

接收工作任务通常由下级单位或下属工作人员接收，现场检修作业由工作负责人接收，接收任务时应做好以下工作：

（1）首先判断并确认在工期内能否完成此项工作任务。

（2）工作负责人必须考虑工作班成员的身体状况、专业技能，选定能胜任此项工作的人员。

（3）工作负责人必须分析此项工作存在的安全风险，制订有效的防控措施。

（4）工作负责人必须向工作班成员交代工作中存在的安全风险、安全措施及注意事项。

三、个体防护

接收工作任务、确定工作班成员后，进入作业现场前，工作负责人应做好以下工作：

（1）首先要针对工作任务、作业现场实际情况来分析作业过程中存在的风险，制订有效的防控措施，编制"危险点控制措施票"。

（2）工作负责人组织工作班成员讨论和学习"危险点控制措施票"内容，确认无误、无补充后，所有参加的工作班成员在票上签字。

（3）进入现场前，工作班成员必须要针对作业现场存在的风险，按照工种类别不同正确选用个体防护用品，做好保证人身安全的最后一道防线。同时，工作负责人必须逐一检查工作班成员的个体防护是否到位、安全可靠。

比如，在有可能中毒窒息的场所作业时，必须戴好防毒面具；在高处作业时必须系好安全带、穿好防滑鞋；在有可能灼烫伤的场所作业时，必须穿好防烫伤工作服等。可见，作业前工作班成员必须针对工种类别、作业中接触介质的特性不同，正确穿戴好个体防护用品后，方可进入现场。这就是个体安全防护。个体安全防护装备见表1-1。

表 1-1　　　　　　　　个体安全防护装备

序号	作业场所	安全风险	个体防护装备
1	高处作业	坠落	安全帽、安全带、防滑鞋
2	起重作业	砸伤、挤伤、碰伤	安全帽、起重手套、防砸鞋
3	电气作业	触电	安全帽、绝缘鞋、绝缘手套
4	动火作业	灼烫伤	安全帽、焊工服、焊工鞋、焊工手套、焊工面罩
5	有限空间作业	吸入有害物	安全帽、防毒面具
6	喷涂作业	吸入有害物	安全帽、防尘口罩
7	打磨作业	飞溅物伤眼	安全帽、护目眼镜
8	搬运作业	砸伤、挤伤、碰伤	安全帽、防砸鞋、布手套

四、作业现场

全体工作班成员正确佩戴好个体防护用品，且经大家互检、工作负责人检查，确认防护装备无误后，方可进入作业现场。同时必须做好以下工作：

（1）进入现场前，工作负责人必须同工作许可人共同检查现场安全措施的布置情况，严格按照工作票内容逐项检查确认，保证现场布置的安全措施到位。

（2）工作班成员必须在工作负责人带领下方可进入现场。没有工作负责人带领不得进入作业现场。

（3）进入作业现场后，工作负责人必须同工作班成员共同检查作业现场的安全性，如照明是否充足、有无井坑孔洞、有无落物伤人的危险性、有无人员中毒窒息的可能性等，并对辨识出的风险进行防控，保证现场风险因素可控、在控，保证作业场所的绝对安全。

作业现场风险辨识见表1-2。

表 1–2　　　　　　　　　　　作业现场风险辨识

序号	作业场所	风险辨识要点
1	作业平台	（1）作业面是否平整、坚固，承载能力是否满足作业要求 （2）井、坑、孔、洞盖板是否盖严盖实 （3）不坚实作业面是否有防踏穿坠落措施 （4）斜坡面是否有防滑落措施
2	高处落物	（1）作业区域上方的高处作业面是否安装踢脚板 （2）作业区域上方的孔洞是否盖严盖实 （3）高处临边的堆置物是否过多、过高 （4）上下交叉作业的中间是否安装防护隔离层
3	作业场所	（1）有限空间场所是否通风良好，是否检测有害气体浓度 （2）易燃易爆场所是否有防火防爆措施，是否配备灭火器 （3）危险化学品场所是否有防灼烫、中毒、窒息措施 （4）电气作业场所是否有防触电措施 （5）动火作业场所是否有防火灾措施，是否配备灭火器 （6）起重作业现场是否设置警戒区域，设专人监护 （7）高处作业现场是否设置警戒区域，设专人监护
4	气体检测	（1）在有可能中毒窒息环境作业是否检测有害气体浓度，必要时可用活体小动物做试验确认 （2）在粉尘较大环境作业是否检测粉尘浓度 （3）在易发生火灾爆炸环境作业是否检测可燃气体浓度
5	环境温度	（1）在高温环境作业是否有防中暑措施 （2）在低温环境作业是否有防止冻伤措施 （3）在湿度大环境作业是否有防止触电措施
6	现场光线	（1）作业场所光线是否良好，能否满足作业要求 （2）夜间或光线不好时，现场照明是否良好
7	安全通道	（1）人行通道是否安装防护棚，通道畅通无阻塞 （2）施工通道是否平整、畅通、无阻塞 （3）消防通道是否平整、畅通、无阻塞

五、作业行为

（1）在保证作业场所安全防护到位、正确佩戴好个体防护用品的前提下，方准作业。

（2）作业中，作业人员必须严格执行《电力安全工作规程》《工作票、操作票使用和管理标准》，规范作业人员行为，杜绝违章作业，才能保证作业人员的安全。

（3）作业中，如果发现工作班成员有违章行为时，必须及时纠正和制止，相互监督。

（4）工作负责人必须对现场作业安全性进行全程监护，不得失去监护。外包工程必须设双工作负责人。

六、作业结束

作业结束后，工作负责人必须做好以下工作：

（1）有限空间作业结束后，必须清点人数和工具，向内喊话，确认无人再关闭人孔门。

（2）动火作业结束后，必须收回气瓶、气带、电焊机等，清理火种和易燃物。

（3）电气作业结束后，必须断开电源，拆除接地线，收回用电设备和电缆等。

（4）最后清理检修现场，做到工完料尽场地清。

（5）工作负责人还必须向运行人员交代设备检修后的情况，如设备异动情况、保护定值整定情况、修后设备健康状态、能否正常投入运行等。

第三节 发电企业人身安全风险防控分类

本教材结合发电企业生产过程中的实际情况，筛选了与发电企业有关的事故类别，并针对事故类别，按照各专业特点及典型作业场所进行安全风险辨识与防控。发电企业人身安全风险防控分类见表1-3。

表 1-3　　　　　　　发电企业人身安全风险防控分类

序号	GB 6441—1986《企业职工伤亡事故分类》	人身安全风险防控类别
1	物体打击	物体打击防控
2	高处坠落	高处坠落防控
3	起重伤害	起重伤害防控
4	触电	触电防控
5	淹溺	淹溺防控
6	机械伤害	机械伤害防控
7	灼烫	灼烫伤防控
8	火灾	火灾防控
9	坍塌	坍塌防控
10	冒顶片帮	—
11	车辆伤害	车辆伤害防控
12	透水	—
13	放炮	—
14	火药爆炸	—
15	瓦斯爆炸	—
16	锅炉爆炸	爆炸防控
17	容器爆炸	
18	其他爆炸	
19	中毒和窒息	中毒和窒息防控
20	其他伤害	—

第四节　发电企业人身安全风险防控措施

发电企业是将一次能源（煤、水、风等）转换为二次能源（电能）的生产企业，如燃煤（油、气）发电、水力发电、风力发电企业等。在生产过程中，人们经常需要从事操作、维护和检修设备等各种各样的作业，作业中总会伴随着各类安全风险，如果安全风险辨识不清、控制措施不到位，风险将会演变为事故。

发电企业开展人身安全风险辨识与控制，就是要引导员工在日常工作中，根据作业内容、作业方法、作业环境、人员状况中可能危及人身或设备安全的风险因素，采取有针对性的防范措施，预防事故的发生，同时不断提高全体员工的安全意识和自我保护意识，实现超前预防与控制事故。

近年来，人们对事故的发生原因进行了积极的探索，实践证明，任何一起事故的发生都不是单一原因的结果。同样，任何一类现场人身安全风险的控制也不可能依靠单一因素来解决。不论现场的作业人员及场所如何复杂，从安全风险的系统控制内容来看，都应包括个人能力要求、个体防护要求、安全作业现场、安全作业行为四个方面。本教材针对每一类人身安全风险均从这四个方面提出了相应的防控措施。

1. 个人能力要求

个人能力要求是指个人从事本项工作的自身能力，包括身体条件、文化程度、专业技能等。由于从事的专业或工种不同，对个人能力的要求也不同。作业人员在每次接收工作任务时，必须检查个人能力能否满足此项工作的要求，这是作业前的必备条件。

2. 个体防护要求

个体防护要求是指防御物理、化学、生物等外界因素对人体造成伤害所需的防护用品。通常情况下，采取安全技术措施消除或减弱现场安全风险是发电企业控制现场安全风险的根本途径。但是在无法采取安全技术措施或采取安全技术措施后仍然不能避免事故、危害发生时，就必须采取个体防护措施，如戴安全帽、防护眼镜、防护手套，系安全带，穿防护鞋、防护服等。由于工作任务或作业环境不同，对个体防护的要求也不同。作业人员进入现场前，必须根据工作任务或作业环境做好个体防护，并对照着装要求进行检查，保证满足作业现场的个体防护要求。

3. 安全作业现场

安全作业现场是对作业环境的安全基本要求，主要包括现场安全设施、安全警示标识、运行人员布置的安全措施、周边环境（井坑孔洞）等。作业前，必须对现场安全设施、周边环境（井坑孔洞等）及运行人员布置的安全措施进行检查，确认满足安全作业现场的基本要求时，方可作业。

4. 安全作业行为

安全作业行为是指人员从事作业过程中的安全行为。事故统计资料表明，由人的不安全行为引发的事故占 70% ~ 75%。规范现场作业人员行为是所有人身风险管控手段中内容最丰富、难度最大的工作。此项工作应以反"违章指挥、违章作业和违反劳动纪律"为突破口，同时加强对遵守安全生产规程、制度和安全技术措施、安全工艺和操作程序，人员资质与持证上岗等内容的监督管理，提高作业人员的安全意识，建设企业安全文化，杜绝无知性违章和习惯性违章的发生。

（1）违章指挥。其主要是指生产经营单位的生产经营者违反安全生产方针、政策、法律、条例、规程、制度和有关规定指挥生产的行为。具体内容包括：不遵守安全生产规程、制度和安全技术措施，或擅自变更安全工艺和操作程序；指挥者未经培训上岗，使用未经安全培训的劳动者或无专门资质认证的人员；指挥工人在安全防护设施或设备有缺陷、隐患未解决的条件下冒险作业；发现违章不制止等。

（2）违章作业。其主要是指现场操作工人违反劳动生产岗位的安全规章和制度，如安全生产责任制、安全操作规程、工人安全守则、安全用电规程、交接班制度等以及安全生产通知、决定等作业行为。具体内容包括：不遵守施工现场的安全制度，进入施工现场不戴安全帽、高处作业不系安全带和个人防护用品不正确使用；擅自动用机械、电气设备或拆改挪用设施、设备；随意爬脚手架和高空支架等。

（3）违反劳动纪律。其主要是指工人违反生产经营单位的劳动规则和劳动秩序，具体内容包括：不履行劳动合同及违约承担的责任，不遵守考勤与休假纪律、生产与工作纪律、奖惩制度、其他纪律等。

第五节　发电企业人身安全风险防控方法

电力生产安全管理工作实践证明，除了不可抗拒的自然灾害以外，任何风险都可以控制，所有事故都可以预防。多年来，广大发电企业在控制人身安全风险方面积累了大量的宝贵经验和方法，"三讲一落实"班组安全管理方法便是一种有效的方法。"三讲一落实"是指班组在组织生产工作过程中，在讲工作任务的同时，要讲作业过程的安全风险、讲安全风险的控制措施，抓好安全风险控制措施的落实，并将其归纳为"讲任务、讲风险、讲措施，抓落实"。开展"三讲一落实"活动已成为现场人身安全风险防控的重要方法。其工作流程如下：

1. 讲任务（见图 1-3）

班组在组织生产工作过程中，班长每天应根据当前生产任务、现场实际情况及天气变化合理地安排工作任务。讲任务环节的基本要求是：任务要说清，职责要讲透，工作范围要明确。

2. 讲风险（见图 1-4）

工作任务和工作班成员确定后，工作负责人应组织工作班成员进行风险辨识，要针对典型作业现场、典型作业点，对照"生产现场风险辨识表"，结合现场实际情况进行风险辨识，保证作业全过程的安全风险不漏项。讲风险环节的基本要求是：安全注意事项要全，风险辨识要细。

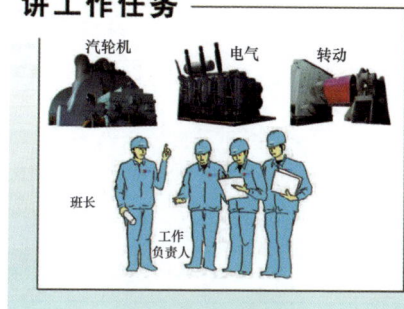

图 1-3 讲任务

图 1-4 讲风险

3.讲措施（见图 1-5）

安全风险确定后，工作班成员应针对每个风险，从个人能力要求、个体防护要求、安全作业现场、安全作业行为四个方面，结合现场实际情况制订相应的防控措施。讲措施环节的基本要求是：安全措施及风险控制要切实可行，不讲空话。

4.抓落实（见图 1-6）

开工前，必须检查确认现场安全措施的有效落实。作业中，工作班成员必须规范作业行为，避免无知性违章和习惯性违章行为的发生。

图 1-5 讲措施

图 1-6 抓落实

第一节　火灾与爆炸定义及分类

一、火灾

1. 定义

（1）燃烧。燃烧（见图2-1）是物质与氧化物之间的放热反应，通常会在同时释放出火焰或可见光。

图2-1　燃烧

（2）火灾。火灾（见图2-2）指在时间和空间上失去控制的燃烧所造成的灾害。火灾时可能会造成的人体烧伤、窒息、中毒等伤害。

图2-2 火灾

2.火的三要素

氧气、可燃物、点火源即火的三要素，简称火三角，如图2-3所示。火的三个要素缺少任何一个，燃烧不能发生和维持。在扑灭火灾时，如果能够阻断火三角的任何一个要素就可以了。

3.火灾分类

火灾按可燃物的类型和燃烧特性分为A~F类，见表2-1。

图2-3 火三角

表2-1 火灾分类

类型	燃烧特性	可燃物
A	固体火灾	木材、煤、棉、毛、麻、纸张等火灾
B	液体或可熔化固体物质火灾	汽油、柴油、原油等火灾
C	气体火灾	煤气、液化石油气、甲烷等火灾
D	金属火灾	钾、钠等火灾
E	带电火灾	物体带电燃烧的火灾
F	烹饪火灾	烹饪器具内的烹饪物（如动植物油脂）火灾

二、爆炸

1. 定义

爆炸是物质由一种状态迅速转变成另一种状态，并在瞬间放出很大能量，同时产生气体以很大压力向四周扩散，伴随着巨大的声响。

2. 爆炸分类

爆炸按物质产生爆炸的原因和性质分为物理爆炸、化学爆炸、核爆炸，见表 2-2。

表 2-2　　　　　　　　　　　　爆炸分类

类型	爆炸原因
物理爆炸	由于物质状态或压力突变所形成的爆炸
化学爆炸	由于物质急剧氧化或分解产生温度、压力增加或两者同时进行而形成的爆炸现象
核爆炸	由于核裂变或核聚变反应释放出巨大的能量，使核裂变或核聚变产物形成高温、高压的蒸气而迅速膨胀做功，这种核裂变或核聚变释放出巨大能量所引起的爆炸现象

3. 爆炸极限

（1）爆炸浓度极限。可燃气体、蒸气和粉尘与空气（或助燃气体）的混合物，必须在一定的浓度范围内，遇到足以起爆的火源才能发生爆炸。这个可爆的浓度范围，称为该爆炸物的爆炸浓度极限。

（2）爆炸温度极限。可燃液体在一定温度下，由于蒸发而形成等于爆炸浓度界限的蒸气浓度，这时的温度称为爆炸温度极限。

（3）爆炸上限和下限。当空气中含有最少量的可燃物质所形成的混合物浓度，遇起爆火源可爆炸时，这个最低浓度，称为爆炸下限；当空气中含有最大量的可燃物质形成的混合物浓度，遇起爆火源可爆炸时，这个最高浓度称为爆炸上限。

爆炸温度极限与爆炸浓度极限一样，也有上限和下限。其下限即液体闪点温度，等于爆炸浓度下限的蒸气浓度；爆炸温度上限，即液体在该温度下蒸发出爆炸浓度上限的蒸气浓度。当可燃物质浓度低于下限或大于上限均不爆炸或燃烧。但超过极限浓度的可燃物，若有新鲜空气渗入，则爆炸危险依然存在。

第二节　火灾与爆炸安全风险辨识

一、安全风险辨识要点

在存放易燃易爆物品、油系统、氢气系统、氨气系统、输煤系统等场所进行动火作业时，极易发生火灾与爆炸事故，引起火灾与爆炸事故的原因很多，主要是对作业全过程中存在的安全风险没有进行辨识或辨识不清，制订的防控措施没有针对性或措施落实不到位，为了防止此类事故的发生，准确辨识现场作业存在的安全风险，应从以下几个方面进行风险辨识。火灾和爆炸安全风险辨识要点见表 2-3。

表 2-3　　　　　　火灾和爆炸安全风险辨识要点

序号	辨识内容	风险辨识要点
1	气瓶	（1）气瓶是否合格，定期检验是否超期 （2）气瓶有无状态标签（空瓶、使用中、满瓶） （3）气瓶颜色是否规范（如氧气瓶为蓝色，乙炔气瓶为白色） （4）气瓶上有无瓶帽或橡胶防震圈
2	气带	（1）气带是否老化破损 （2）现场使用气带的颜色是否正确（如氧气带为红色，乙炔气带为黑色） （3）气带是否乱拉，是否存在与电缆缠绕现象
3	灭火器	（1）灭火器是否合格，定期检验是否超期 （2）压力表指针位置是否在"绿色"区域，内压是否正常

序号	辨识内容	风险辨识要点
4	电焊机	（1）电焊机是否合格，定期检验是否超期 （2）焊把钳是否完好，夹持焊条是否牢固 （3）电焊机壳体接地线是否可靠接地，多台电焊机是否串联接地 （4）电焊机的一次接线长度是否小于 5m （5）电焊机的二次线是否采用防水橡皮护套铜芯软电缆，二次接线长度是否小于 30 米 （6）电焊机的电源线是否接在有漏电保护器电源上，是否"一机一闸" （7）电焊机的电缆是否破损或随地乱拉
5	动火作业	（1）动火作业是否办理动火许可证 （2）动火现场是否配备灭火器 （3）动火地点与氧气瓶、乙炔气瓶安全距离是否满足要求 （4）乙炔气瓶是否安装防回火器 （5）动火地点周边或下方的易燃易爆物是否可靠隔离 （6）高压气瓶是否露天曝晒 （7）动火结束后是否清除火种
6	临时用电	（1）检修电源箱是否安装漏电保护器 （2）临时电源线接线是否正确规范 （3）使用的电动工具是否合格并检验 （4）是否存在超负荷用电现象 （5）是否使用铁（铜）丝代替保险丝 （6）有无将电线直接插入电源插座内现象
7	燃油系统	（1）动火作业是否办理动火许可证，是否检测油气浓度 （2）动火现场是否配备灭火器 （3）进入油区前是否进行人体放电（静电） （4）是否使用铜质工具 （5）与动火设备的连接管道是否可靠隔离，油管道残油是否吹扫 （6）动火结束后是否清除火种
8	氢气系统	（1）动火作业是否办理动火许可证，是否检测氢气浓度 （2）动火现场是否配备灭火器 （3）进入氢气区前是否进行人体放电（静电） （4）是否使用铜质工具 （5）与动火设备的连接管道是否可靠隔离，是否进行气体置换 （6）动火结束后是否清除火种
9	氨气系统	（1）动火作业是否办理动火许可证，是否检测氨气浓度 （2）动火现场是否配备灭火器 （3）进入氨气区前是否进行人体放电（静电） （4）是否使用铜质工具 （5）与动火设备的连接管道是否可靠隔离，是否进行气体置换 （6）动火结束后是否清除火种

序号	辨识内容	风险辨识要点
10	煤粉系统	（1）动火作业是否办理动火许可证，是否检测粉尘浓度 （2）动火现场是否配备灭火器 （3）动火设备与煤粉是否可靠隔离 （4）煤场（粉）是否存在自然现象 （5）动火结束后是否清除火种

二、火灾与爆炸主要安全风险

电力企业生产区域有可能发生火灾与爆炸的主要场所有：易燃易爆物品场所、动火作业现场、输煤（制粉）系统、油系统、氢（氨）气系统、风力发电机。存在的主要安全风险有：

（1）现场随意堆放的可燃物，如油毡、木材、煤（汽）油、塑料制品及装饰（修）材料等被引燃。

（2）现场可燃气体或粉尘浓度超标，遇明火点燃或爆炸，如图2-4所示。

图2-4 现场粉尘浓度超标

（3）电（气）焊作业时，焊渣、电火花引燃可燃物，如图2-5所示。

图 2-5　焊渣、电火花引燃可燃物

（4）乙炔气瓶泄漏，遇明火点燃或爆炸，如图 2-6 所示。

图 2-6　乙炔气瓶泄漏引火灾

（5）现场乱接乱拉临时电源、线路老化破损或超负荷用电，造成电路短路打火引燃可燃物，如图 2-7 所示。

图 2-7　线路老化破损引火灾

（6）使用不合格的电动工具，造成电路短路打火、引燃可燃物，如图 2-8 所示。

图 2-8　使用不合格的电动工具引火灾

（7）照明灯具距可燃物较近，长时间照射被引燃，如图 2-9 所示。

图2-9 长时间照射引火灾

（8）煤或煤（粉）长期积存引起自燃或遇明火点燃，如图2-10所示。

图2-10 煤或煤（粉）长期积存引火灾

（9）油系统泄漏，油或油气遇高温物体或明火点燃，如图2-11所示。

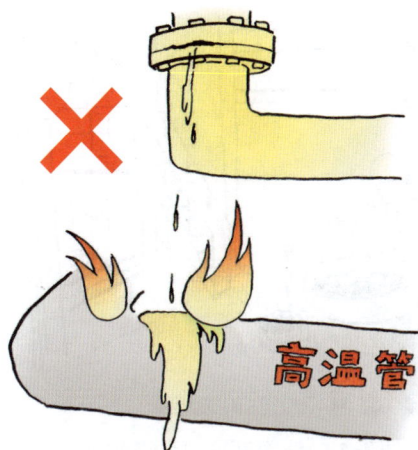

图 2-11　油系统泄漏引火灾

（10）氢（氨）气系统泄漏，遇明火点燃或爆炸，如图 2-12 所示。

图 2-12　氢（氨）气系统泄漏引火灾

（11）现场违章使用火炉、液化石油气等引燃可燃物，如图 2-13 所示。

图2-13　违章使用引燃可燃物引火灾

（12）现场流动吸烟，烟头随处乱丢，引燃可燃物，如图2-14所示。

图2-14　烟头随处乱丢引火灾

（13）风力发电机的刹车系统在高速制动时，产生火花和高温碎屑，引燃可燃物着火，如图2-15所示。

图 2-15　高速制动引火灾

（14）风力发电机的机舱、塔筒内电气设备短路，电弧引燃可燃物（如油脂、保温材料等）着火，如图 2-16 所示。

图 2-16　电弧引燃可燃物着火

（15）风力发电机检修时，使用易燃物品（如汽油、酒精等）清洗或擦拭设备引起着火，如图 2-17 所示。

图 2-17　使用易燃物品清洗或擦拭设备引火灾

（16）雷击风力发电机叶片起火，如图 2-18 所示。

图 2-18　雷击风力发电机叶片引火灾

第三节　易燃易爆物品火灾防控

易燃物质是指在空气中容易发生燃烧或自燃放出热量的物质，如汽油、煤油、酒精等；易爆物质是指与空气以一定比例结合后遇火花容易发生爆炸的物质，如氢气、氧气、乙炔等。发电企业常见的易燃易爆物品有汽油、煤油、稀料、油漆、油脂、液氨、保温材料、防腐材料、氢气、氧气、乙炔、液化气等。

一、作业现场要求

1. 易燃易爆物品库房的安全要求

（1）库房的耐火等级不低于二级，消防安全布局符合防火要求。

（2）容积较小的仓库（储存量在50个气瓶以下）与其他建筑物的距离不应少于25m；较大的仓库与施工及生产地点的距离不应少于50m；与办公楼的距离不应少于100m。

（3）库房的门窗应采用耐火材料、应向外开，玻璃应用毛玻璃或涂白色油漆，地面砸击时不会发生火花。

（4）库房应有隔热保温、防爆型通风排气设施，如图2-19所示。

图2-19　通风排气设施

（5）库房内的电气设备应选用防爆型。

（6）库房内应装设气体、烟雾等报警装置。

（7）库房内安全出口畅通，且无障碍物。

（8）库房内应有完备的消防器材和消防设施，如图 2-20 所示。

图 2-20　消防器材

（9）库房门应悬挂"禁止烟火""禁止带火种"等警示牌，如图 2-21 所示。

图 2-21　库房门悬挂的警示牌

（10）储存气瓶仓库周围 10m 以内，不得堆置可燃物品，不得明火。

2.压缩气瓶的安全要求

（1）气瓶应按规定涂色和标字，见表2-4。

表 2-4　　　　　　　气瓶实别、颜色及标字

序号	气瓶类别	气瓶颜色	气瓶上的标字
1	氧气瓶	蓝色	用黑颜色标明"氧气"字样
2	乙炔气瓶	白色	用红色标明"乙炔"字样
3	氮气瓶	黑色	用黄色标明"氮气"字样
4	二氧化碳气瓶	铝白色	用黑色标明"二氧化碳"字样

（2）气瓶应定期检验，并黏有"检验合格证"标识，检验周期如下：

1）盛装一般气体的气瓶，每 3 年检验一次。

2）盛装腐蚀性气体的气瓶，每 2 年检验一次。

3）盛装惰性气体的气瓶，每 5 年检验一次。

4）液化石油气瓶，使用未超过 20 年的，每 5 年检验一次；超过 20 年的，每 2 年检验一次。

（3）氧气瓶的减压器应涂蓝色；乙炔发生器的减压器应涂白色，不得混用。

（4）每个氧气减压器和乙炔减压器上只允许接一把焊炬或一把割炬。

（5）氧气软管应用 1.961MPa 的压力试验，乙炔软管应用 0.490MPa 的压力试验。

（6）气瓶上应套两个厚度不少于 25mm 的防震胶圈，分设在两端附近，瓶口戴保险帽，如图 2-22 所示。

（7）气瓶应分类存放，重瓶和空瓶应分开，用过的瓶上应注明"空瓶"，有缺陷的瓶上应注明"有缺陷"。

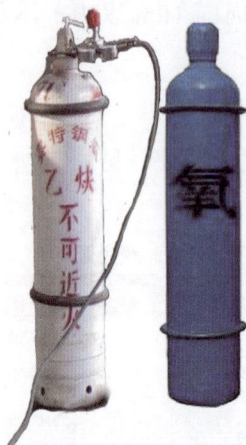

图 2-22　气瓶设防震胶圈

（8）气瓶用后应剩余 0.05MPa 以上的残压，可燃性气体应剩余 0.2~
0.3MPa。氧气瓶内的压力降至 0.196MPa 时，严禁使用。

（9）气瓶摆放应直立地面上，固定牢固。不得瓶压存放，不得靠近
火、电、热、油等物质，如图 2-23 所示。

图 2-23　气瓶靠近火、电、热、油等物质

（10）氧气瓶不得与乙炔气瓶或其他可燃气体的气瓶储存于同一仓库。

（11）露天气瓶应用帐篷或轻便的板棚遮护，不得曝晒。

3. 存放易燃易爆物品的安全要求

（1）易爆物品必须储放在隔离房间和保险柜内，保险柜应双锁、双人、双账管理。

（2）标识清晰、分类存放。

（3）忌水、忌晒的化学危险品应标注清楚，并妥善存放。

（4）失效、过期的化学危险品应分开存放。

（5）严禁将氧化性和还原性物质同屋存放，如图 2-24 所示。

图 2-24　将氧化性和还原性物质同屋存放

（6）物品摆放应保持一定间距。

二、作业行为要求

（1）易燃易爆物品应建档，领用应登记。

（2）易燃易爆物品必须从正规生产厂家购置，且有"检验合格证"。

（3）易燃易爆物品领用原则上不得超过当天的使用量，现场不得超量储存。

（4）用玻璃容器盛装的化学危险品，必须放在木箱内搬运，如图2-25所示。

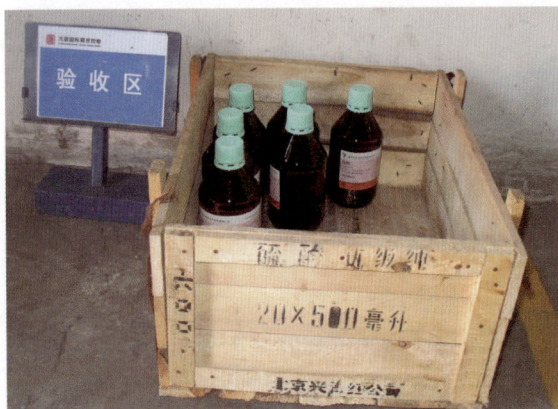

图 2-25　木箱搬运

（5）办公室、值班室不得存放汽油、酒精、稀料等可燃物，如图2-26所示。

图 2-26　办公室、值班室存放可燃物

（6）存放汽油、稀料不得使用塑料桶，如图 2-27 所示。

图 2-27　存放汽油、稀料使用塑料桶

（7）存放易燃易爆物品的场所不得使用电热设备，不得有明火，如图 2-28 所示。

图 2-28　存放易燃易爆物品的场所使用电热设备

（8）易燃易爆物品不得在露天、低温、高温处存放，如图 2-29 所示。

图 2-29　易燃易爆物品在露天、低温、高温处存放

（9）气瓶搬运应使用专门的抬架或手推车。

（10）搬运气瓶时，应将瓶颈上的保险帽和气门侧面连接头的螺帽盖盖好。严禁运送和使用没有防震胶圈和保险帽的气瓶。

（11）装卸氧气瓶、乙炔气瓶时，不得抛、滑、滚、碰，不得使用电磁起重机和链绳吊装，如图 2-30 所示。

图 2-30　抛、滑、滚、碰氧气瓶及乙炔气瓶

（12）氧气瓶、乙炔气瓶、易燃易爆物品或可燃气体容器均不得混合存放或同车运输，如图 2-31 所示。

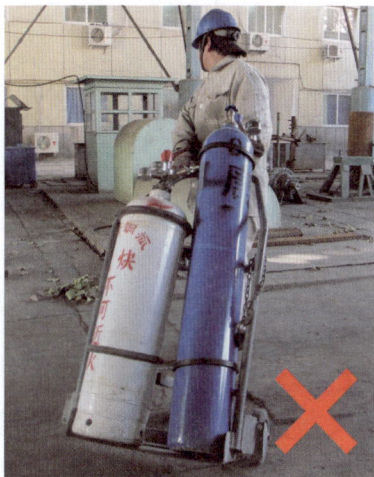

图 2-31　混合存放和同车运输氧气瓶、乙炔气瓶

（13）氧气瓶上不得沾染油脂、沥青等，不得与油类接触，不得曝晒，如图 2-32 所示。

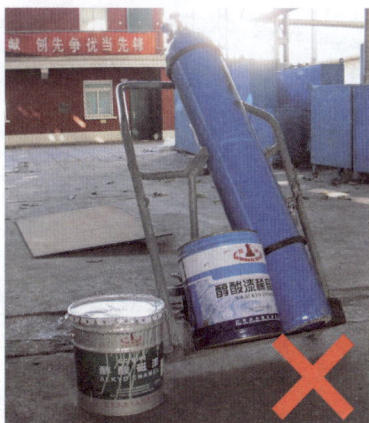

图 2-32　氧气瓶与油类接触

（14）严禁用温度超过 40℃的热源对气瓶加热，如图 2-33 所示。

图 2-33　用温度超过 40℃的热源对气瓶加热

（15）严禁将气瓶软管搭在高温管道上或电线上，如图 2-34 所示。

图 2-34　将气瓶软管搭在高温管道上或电线上

（16）严禁混用氧气软管和乙炔气软管。

（17）严禁使用氧气作为压力气源吹扫管道。

（18）严禁用氧气吹乙炔气管。

（19）气瓶减压器的低压室没有压力表或压力表失效，不得使用。

（20）气瓶减压器冻结时，应用热水或蒸汽解冻，严禁用火烤。

（21）开启氧气阀门应使用专门扳手，不得使用凿子、锤子开启。乙炔阀门应用特殊的键开启。

（22）严禁在动火场所存储易燃物品，例如汽油、煤油、酒精等。若需小量的润滑油和日常使用的油壶、油枪时，必须存放在指定地点的储藏室内。

（23）严禁在装有易燃物品的容器上或在油漆未干的物体上焊接作业。

（24）严禁在储有易燃易爆物品的房间内焊接作业。

（25）化学清洗时，严禁在清洗系统上明火作业。

（26）使用无齿锯时，火花飞溅方向不得有易燃易爆物品。

（27）使用喷灯时，喷嘴不得对易燃易爆物品，不得在使用煤油或酒精的喷灯内注入汽油。

（28）油漆库及喷漆场所周围 10m 内不得有明火。

（29）加油站附近 18m 内不得明火。

（30）使用过的废油（脂）应及时回收，妥善处理。不得随意抛洒。

第五节　作业现场火灾防控

作业现场火灾主要是指违章动火、违章用电或吸烟等引燃可燃物造成的火灾。其中，违章动火主要指动火作业中产生的火花或焊渣引燃可燃物；违章用电主要指作业人员乱接乱拉临时电源、电线老化破损或超载用电等，造成电气设备过热、短路，电弧或电火花点燃可燃物。

一、作业现场要求

（1）动火现场周围 3m 以内，严禁堆放易燃易爆物品。不能清除时应用阻燃物品隔离（用围屏或石棉布遮盖），如图 2-35 所示。

图 2-35　使用阻燃物品隔离

（2）电气设备附近不得堆放可燃物，如图 2-36 所示。

图 2-36　电气设备附近不得堆放可燃物

（3）照明电源线应使用橡套电缆，不得使用塑胶线。不得沿地面敷设电缆，如图 2-37 所示。

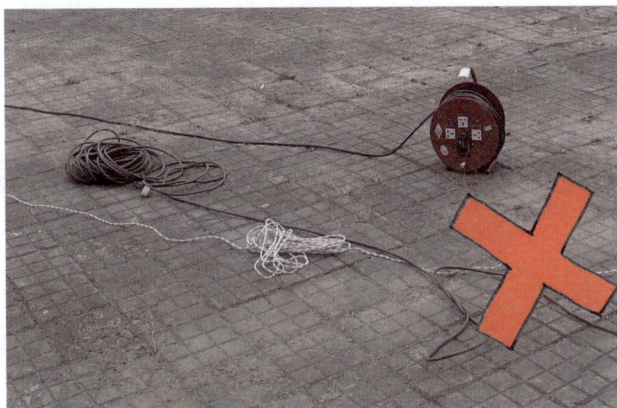

图 2-37　不得沿地面敷设电缆

（4）电（热）光源距可燃物应保持一定距离，不得贴近可燃物，如图 2-38 所示。

图 2-38　电（热）光源不得贴近可燃物

（5）电焊机必须检验合格，接地线牢固可靠，一次侧电源线应小于5m，二次侧负荷线应小于30m。电源接线要严格执行"一机一闸一保护"原则。电焊机使用示意图如图2-39所示。

图2-39　电焊机使用示意图

（6）氧气瓶、乙炔气瓶必须直立固定放置，气瓶间距不小于5m见图2-40，与明火点不小于10m。乙炔气瓶必须安装回火器，气瓶不得曝晒。

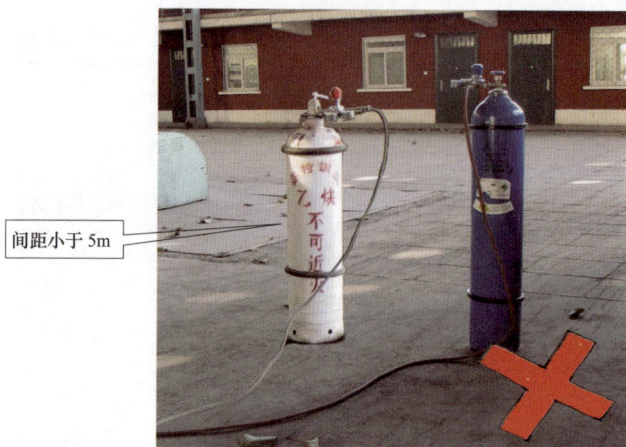

图2-40　氧气瓶、乙炔气瓶放置

（7）橡胶软管的长度不应小于 15m，不得有鼓包、裂缝或漏气，不得贴补或包缠，不得搭放在高温物体，如图 2-41 所示。

长度不应小于15m

图 2-41　气瓶橡胶软管

（8）敷设临时电缆时，不得搭在热体、油气或氢气等管道上。

（9）进入控制室、电缆夹层、控制柜、开关柜等处的电缆孔洞，必须用防火材料严密封堵，并沿两侧一定长度上涂以防火涂料或其他阻燃物质。

（10）盛装有油脂、可燃液（气）体的容器必须先清洗或置换，隔绝连接的管道，加装堵板。

（11）盛装危险化学品的容器、设备或管道等必须清洗置换后，方可动火。

（12）盛装油品的容器、设备或管道等必须用碱液浸泡、冲洗，并蒸汽吹扫后，方可动火。

（13）盛装可燃气体的容器、设备或管道等必须用惰性气体置换后，方可动火。

（14）在生产、使用、储存氧气的设备上动火前，检测氧含量不应超过 23.5%。

（15）在储酸设备上动火前，必须检测氢气浓度，以防氢气聚集发生燃烧和爆炸。

（16）热体、油气或氢气等易引起着火的管道附近不得堆放可燃物，如图 2-42 所示。

图 2-42　易引火灾的管道附近堆放可燃物

（17）动火地点最多只许有两个氧气瓶（一个工作、一个备用）。

（18）动火作业区域或下方必须设置警戒线，设专人看护，并备有专用灭火器材，如图 2-43 所示。

图 2-43　动火作业区域设置警戒线

二、作业行为要求

（1）电（气）焊动火执行人必须持有焊工证，并穿戴好个人防护用品。

（2）焊枪点火时，应先开氧气门，再开乙炔气门，点火。熄火时与此相反。

（3）严禁在焊枪着火时疏通气焊嘴。

（4）橡胶软管使用中发生脱落、破裂或着火时，应先熄灭焊枪火焰，停止供气，然后再灭火。

（5）焊嘴过热堵塞发生回火或多次鸣爆时，应先熄灭焊枪，再将焊嘴浸入冷水中。

（6）动火时应控制火花飞溅，必要时铺设石棉布（毯），动火结束应清理现场火种，如图2-44所示。

图2-44 动火作业不控制火花飞溅

（7）动火执行人应站在动火点的上风处（见图2-45）。严禁电焊与气焊上下交叉作业。

图2-45　动火执行人站动火点上风处

（8）动火点周边有可燃物时，不得动火，如图2-46所示。

图2-46　动火点周边有可燃物时动火

（9）对地下室内、电缆沟、疏水沟、下水道和井下等情况不明时，不得动火，如图2-47所示。

图 2-47 对情况不明场所动火

（10）对拆除管线的内部介质不清时，不得动火，如图 2-48 所示。

图 2-48 拆除内部介质不清的管线时动火

（11）未清洗或置换盛装过易燃易爆物质的容器或管道时，不得动火，如图 2-49 所示。

图 2-49　未清洗或置换盛装过易燃易爆物质的容器或管道时动火

（12）在容器内衬胶、涂漆、刷环氧玻璃钢时，应打开人孔门及管道阀门，如图 2-50 所示严禁明火。

在此工作

图 2-50　打开人孔门

（13）严禁向密封容器内部输送氧气。

（14）严禁在密闭容器内同时进行电焊及气焊作业。

（15）严禁使用氧气（乙炔）管道作为接地装置。

（16）可燃材料（如保温、隔热、隔声等）与动火点未可靠隔离时，不得动火，如图 2-51 所示。

图 2-51　可燃材料与动火点未可靠隔离时动火

（17）在有可能产生易燃气体（如汽油擦洗、喷漆、灌装汽油等）的场所，不得动火，如图 2-52 所示。

图 2-52　在有可能产生易燃气体的场所动火

（18）电缆与动火点未可靠隔离时，不得动火，如图 2-53 所示。

图 2-53　电缆与动火点未可靠隔离时动火

（19）在脱硫吸收塔内动火时，作业区域、吸收塔底部应各设 1 人监护，并确认消防水系统、除雾器冲洗水系统在备用状态。

（20）进行脱硫塔除雾器和喷淋系统检修时，严禁动火。

（21）在袋式除尘器入口烟道、气流均布板、烟气室检修时，必须做好防止火花进入除尘器滤袋区域的措施。

（22）严禁在衬胶、涂磷的防腐设备上（如脱硫塔、球磨机、衬胶泵、烟道、箱罐、管道等）进行动火作业。

（23）严禁在浓缩机内动火作业（内有玻璃钢斜管组件时）。

（24）氨（尿素）设备及管道动火前，应用惰性气体进行置换，检测合格后，方可作业。严禁使用钢（铁）质工具操作氨系统的阀门。

（25）严禁在存储氨的管道、容器外壁进行焊接作业。

（26）储仓内存有尿素时，不得在仓内、外壁上动火作业。

（27）在地下维护室和沟道内使用汽油机或柴油机时，应将排气管接到外面。

（28）在衬里设备外表面进行动火时，应做好防止衬里着火的措施。

（29）凝结水精处理设备动火前，必须检测氢气浓度。

（30）制氯设备动火前，必须将设备冲洗干净，排出残存的氢气和氯气。

（31）厂区内严禁吸烟。

（32）严禁超载用电。

（33）风力大于 3 级、小于 5 级时，露天动火作业必须搭设挡风屏；风力超过 5 级时，严禁露天动火作业。

第六节　输煤（制粉）系统火灾防控

输煤（制粉）系统火灾主要是指原煤、煤粉遇明火或高温体引发的火灾。火电厂输煤系统包括卸煤、输煤、给煤、储煤系统。其中，卸煤设备有螺旋卸车机、翻车机等，输煤设备有皮带、皮带传动设备（电动机、减速机），给煤设备有叶轮给煤机、振动给煤机等，储煤系统有储煤罐、原煤仓（斗）、煤场。制粉系统包括磨煤机、煤粉仓、给粉机、输粉管等。

一、安全作业现场

（1）输煤设备上或周围的积粉应经常清理，不得长期积存，如图 2-54 所示。

（2）长期停运的输煤设备（皮带）不得存有原煤和煤粉，如图 2-55 所示。

图 2-54　输煤设备上或周围的积粉长期积存

图 2-55　长期停运的输煤设备存有原煤和煤粉

（3）输煤皮带与动火设备间应搭设防火隔离层或铺设防火毯等，方可动火，如图 2-56 所示。

（a）　　　　　　　　　　　　　　　（b）

图 2-56　输煤皮带附近动火
（a）正确做法；（b）错误做法

（4）储煤场应有良好照明、排水沟和消防设备，消防车辆的通路应畅通。煤场周边不得堆放易燃易爆物品，如图 2-57 所示。

图 2-57　煤场周边堆放易燃易爆物品

（5）储煤场的地下不得敷设电缆、蒸汽管道、易燃或可燃液体（气体）管道，如图 2-58 所示。

图 2-58　储煤场的地下敷设电缆、蒸汽管道、易燃或可燃液体（气体）管道

（6）制粉系统附近不得堆放易燃易爆物品，如图 2-59 所示。

图 2-59　制粉系统附近堆放易燃易爆物品

（7）制粉系统管道必须加阻燃保温材料。

（8）磨煤机排渣门附近不得有可燃物。

（9）制粉系统防爆门不得正对电缆或易燃物，如图 2-60 所示。

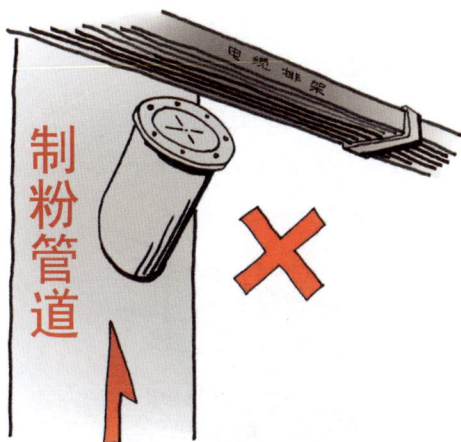

图 2-60 制粉系统防爆门正对电缆或易燃物

（10）电缆排架上不得有积粉，如图 2-61 所示。

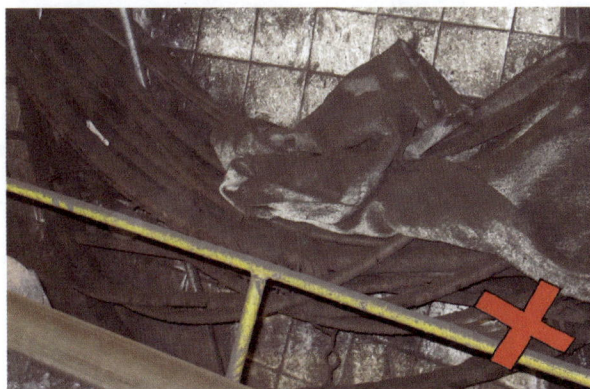

图 2-61 电缆排架上有积粉

（11）现场煤粉浓度不得超标，应控制在 $359g/m^3$ 以下。

（12）筒仓下部入口处应设"严禁烟火"警示牌，顶部防爆窗外设"危险！请勿靠近"警示牌。

▌二、作业行为要求

（1）检修制粉设备前，应与有关系统可靠隔绝，清除设备内部积粉，打开人孔门。必要时检测粉尘浓度，如图 2-62 所示。

图 2-62　检测粉尘浓度

（2）热（电）源附近不得有积煤（粉）或可燃物等，如图 2-63 所示。

图 2-63　热（电）源附近有积煤（粉）或可燃物

（3）煤（粉）仓动火前，应先清空煤（粉）仓，并检测仓内粉尘、可燃气体浓度。

（4）锅炉停用时间较长时，应将煤斗原煤烧尽，防止积煤自燃。

（4）锅炉停用时间较长时，应将煤斗原煤烧尽，防止积煤自燃。

（5）输煤（制粉）系统的电气设备、配电箱（盘）内及电缆排架上的积粉应定期清扫，如图 2-64 所示。

图 2-64　积粉没有定期清扫

（6）严禁在制粉设备附近吸烟或点火。

（7）严禁在运行中的制粉设备上焊接作业。

（8）严禁在煤粉仓内（外）附近吸烟或点火。

（9）严禁将易燃物品带进煤粉仓内。

（10）清理煤粉仓积粉时，应使用铜质或铝质工具，防止产生火花。

（11）积粉自燃时，应用喷壶或其他器具把水喷成雾状，熄灭火源。严禁用压力水管直接浇注着火的煤粉，以防煤粉飞扬爆炸。

第七节　油系统火灾防控

油系统火灾主要是指油介质或油气遇明火或高温体引发的火灾。油系统包括燃油系统、汽轮机油系统、密封油系统。其中，燃油系统包括卸油栈台、油泵房、储油罐、输油管道、油枪、污油泵房等；汽轮机油系统包括油箱、润滑油泵、主油泵、抗燃油泵、油管道等；密封油系统包括密封油箱、密封油泵、油管道等。

一、安全作业现场

（1）燃油（气）区大门处必须挂有安全注意事项及安全标示牌，装设释放人体静电装置，以及存放手机和火种的铁箱。

（2）热力管道应布置在燃油（气）管道的上方。

（3）燃油（气）区内各种电气设施（如照明、电话、门铃等）应采用防爆型，如图 2-65 所示。

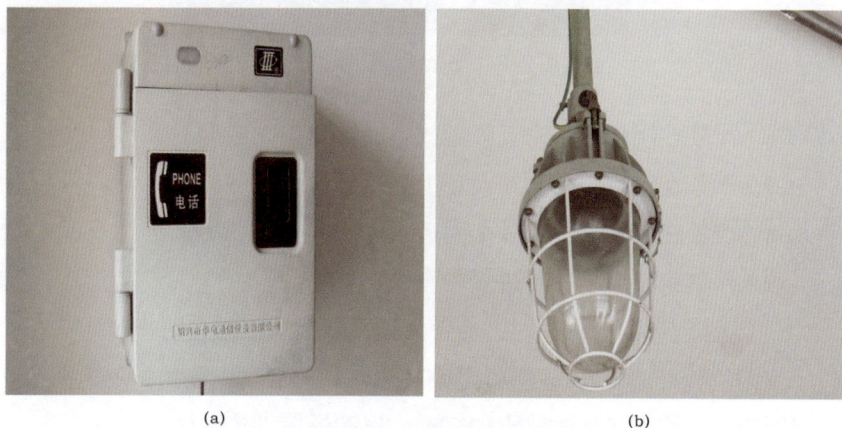

(a)   (b)

图 2-65　防爆型电气设施
（a）防爆型电话；（b）防爆型照明

（4）燃油（气）区的电力线路必须是暗线或电缆，不得有架空线。

（5）油泵房及油罐区严禁采用皮带传动装置，以免产生静电引起火灾。

（6）油泵电动机外壳接地线必须完好，牢固可靠，如图 2-66 所示。

图 2-66　油泵电动机外壳接地线必须完好

（7）油管（气）道法兰必须装设环型接地板（铜板 2mm 以上），且有明显的接地点，如图 2-67 所示。

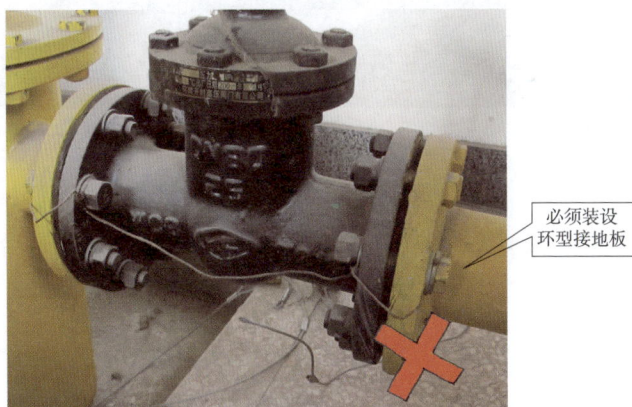

必须装设
环型接地板

图 2-67　油管（气）道法兰接地不符合要求

（8）卸油区内铁道必须用双道绝缘与外部铁道隔绝。油区内铁路轨道必须互相用金属导体跨接牢固，并有良好接地装置，接地电阻不大于 5Ω。

（9）储存轻柴油、汽油、煤油、原油的油罐顶部应装设呼吸阀。

（10）储存重柴油、燃料油、润滑油的油罐顶部应装设透气孔和阻火器。

（11）燃油（气）罐接地线与电气设备接地线应分别装设。

（12）卸油区及燃油（气）罐区必须装设避雷装置和接地装置，且每年定期检验 1 次，如图 2-68 所示。

图 2-68　装设避雷装置和接地装置

（13）地面和半地下油罐的周围应建有防火堤（墙），金属油罐应有淋水装置。

（14）燃油（气）区内应安装在线消防报警装置，并备有足够的消防器材。

（15）燃油（气）区的周围必须设有消防车行驶通道，通道尽头设有回车场。

（16）燃油区的周围必须设置围墙，高度不低于 2m，并挂有"严禁烟火"等警示牌。

▎二、作业行为要求

（1）进入油区人员不得穿化纤衣服，不得穿带钉子的鞋。

（2）进入油区必须登记，交出手机和火种，并释放人体静电，如图 2-69 所示。

图 2-69　释放人体静电

（3）火车机车进入卸油区时，其烟囱应扣好防火纱网，不得开动送风器和清炉渣。

（4）进入燃油（气）区的机动车辆必须加装防火罩、接地线。严禁电瓶车进入燃油（气）区。

（5）油船、汽车卸油时，应可靠接地，输油软管应接地。

（6）进入卸油区的机车行驶速度应小于 5km/h，不得急刹车，挂钩应缓慢。车体不得跨在铁道绝缘段上停留，避免电流由车体进入卸油线。油区内禁止溜放车。

（7）打开油车上盖时，人应站在侧面轻开上盖。严禁用铁器敲打油车上盖。

（8）严禁将箍有铁丝的胶皮管或铁管接头伸入仓口或卸油口。

（9）油车、油船卸油时，油管道安全流速不应大于 4.5m/s。

（10）严禁在可能发生雷击或附近存在火警的环境中卸油作业。

（11）燃油（气）区内不得储存易燃物品和堆放杂物，不得搭建临时建筑，如图 2-70 所示。

图 2-70　燃油（气）区内储存易燃物品和堆放杂物

（12）在燃油管道上和通向油罐（油池、油沟）的其他管道上（包括空管道）动火前，靠油罐（油池、油沟）一侧的管路法兰应拆开连通大气（见图 2-71），用绝缘物分隔，冲净管内积油，放尽余气。

图 2-71　靠油罐（油池、油沟）一侧的管路法兰应拆开连通大气

（13）在拆下的油管上动火前，应先将管子冲洗干净。若不能冲洗时应用洁净的棉布擦拭干净，并检测油气含量。

（14）在油罐内动火前，应将通向油罐的所有管路隔绝，拆开管路法兰通大气，并冲洗干净油罐内部。

（15）油系统动火前，必须检测油气含量浓度，合格后方可作业。严禁采用明火办法测验，如图 2-72 所示。

图 2-72　检测油气含量浓度

（16）在油区焊接时，电焊机的接地线应接在被焊接设备上，接地点应靠近焊接件，不得采用远距离接地回路。

（17）检修燃油设备（管道）时，应使用铜制工具或专用防爆工具。必须使用铁制工具时，应涂黄油，如图 2-73 所示。

（18）用电气仪表测量油罐油温时，严禁将电气接点暴露于燃油及燃油气体内，以免产生火花。

（19）油系统不得使用电热设备，不得用明火烘烤冻结的油管及设备，如图 2-74 所示。

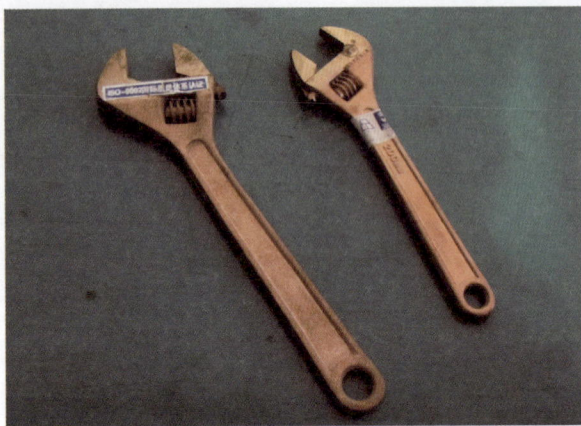

图 2-73 铁制工具

图 2-74 油系统使用电热设备

（20）严禁在油系统及油管道上直接动火，如图 2-75 所示。

（21）擦拭用的废棉丝应随手放入金属容器内，并及时清理，如图 2-76 所示。

图 2-75　在油系统及油管道上直接动火

图 2-76　废棉丝放入金属容器内

（22）接临时电源时，电源应设置在油区外面，电缆不得有接头。严禁将电线跨越或架设在油管道上。严禁将电线引入未经冲洗、隔绝和通风的容器内。

第八节　氢气系统火灾防控

氢气系统火灾主要是指氢气遇明火或高温体引发的火灾。氢气系统包括氢罐、制氢设备、氢气冷却器、氢管道、储氢站、氢冷发电机等。

一、作业现场要求

（1）制（储）氢站大门处必须挂有安全注意事项及安全标示牌，装设释放人体静电装置，以及存放手机和火种的铁箱，如图 2-77 所示。

图 2-77　制（储）氢站大门处挂安全注意事项及标示牌

（2）氢气系统作业现场周边不得堆放易燃易爆物品，如图 2-78 所示。

（3）氢气系统检修前，必须将检修设备与运行设备可靠隔断，加装堵板，并置换气体，如图 2-79 所示。

图 2-78　氢气系统作业现场周边堆放易燃易爆物品

图 2-79　氢气系统检修前加操作

（4）氢气瓶与盛有易燃易爆、可燃物、氧化性气体的容器间距不小于 8m，如图 2-80 所示。

图2-80　氢气瓶与盛有易燃易爆、可燃物、氧化性气体的容器间距

（5）氢气瓶与明火或普通电气设备的间距不小于10m，如图2-81所示。

图2-81　氢气瓶与明火或普通电气设备的间距

（6）氢气瓶与空调设备、空气压缩机和通风设备等吸风口的间距不小于20m，如图2-82所示。

图 2-82　氢气瓶与吸风口的间距

（7）氢气管架上不得敷设电缆（线），如图 2-83 所示。

图 2-83　氢气管架上敷设电缆（线）

（8）氢气管道与燃气管道、氧气管道平行敷设时，净距不少于 250mm；分层敷设时，氢气管道应在上方，如图 2-84 所示。

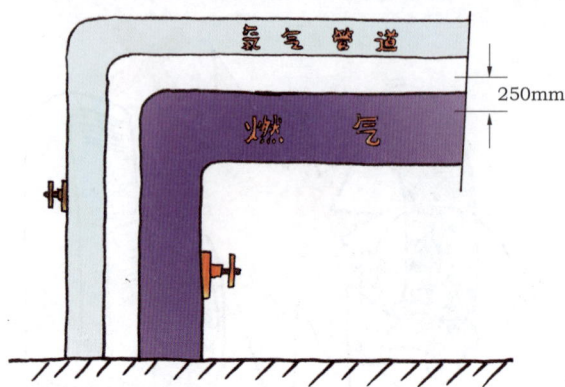

图 2-84　氢气管道与燃气管道平行敷设

（9）制（储）氢站内的电气、通信设备（设施）均应采用防爆型，如图 2-85 所示。

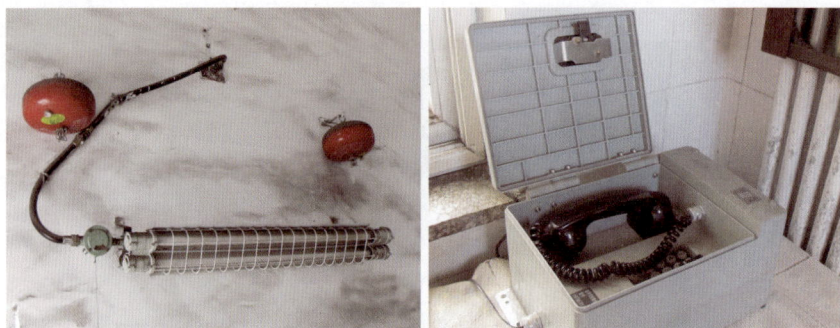

　　　　　　　（a）　　　　　　　　　　　　　　　（b）

图 2-85　制（储）氢站内采用防爆型电气、通信设备

（10）接临时电源时，电源应设置在氢区外面，照明灯具应采用防爆型，电缆不得有接头。

（11）制（储）氢室应装设漏氢检测装置，房顶应有透气窗，如图 2-86 所示。

图 2-86　房顶设有透气窗

（12）制（储）氢站门窗应采用不产生火花材料，门应向外开，如图 2-87 所示。

图 2-87　采用不产生火花材料，门向外开

（13）氢罐应每 6 年检验 1 次，安全阀、压力表应每年检验 1 次。

（14）制（储）氢站作业现场应自然通风良好，必要时设置防爆机械通风设备。

（15）制（储）氢站、发电机附近应备有消防设备，挂"严禁烟火"警示牌。

（16）制（储）氢站必须设置防雷装置，且每年定期检验 1 次，如图 2-88 所示。

图 2-88　设置防雷装置

（17）制（储）氢站周围应设有不低于 2m 的围墙。

‖ 二、安全作业行为

（1）进入制（储）氢站的作业人员必须穿防静电工作服，不得穿带铁钉的鞋。

（2）进入制（储）氢站必须登记，交出手机和火种等，并释放人体静电，如图 2-89 所示。

（3）氢气系统动火前，应用二氧化碳或氮气置换氢气，并检测空气中含氢量小于 3%；动火中应至少每隔 4h 测定一次空气中的含

(a)　　　　　　　　　　　　　　(b)

图 2-89　进入制（储）氢站
（a）交手机和火种；（b）释放人体静电

氢量。

（4）向储氢罐、发电机输送氢气时，严禁剧烈排送，以防因摩擦引起自燃或爆炸。

（5）维修制氢设备时，手和衣服不得沾有油脂，且使用铜制工具。必须使用钢制工具时，应涂上黄油，如图 2-90 所示。

图 2-90　维修制氢设备

（6）进入制（储）氢站的机动车辆必须加装防火罩。严禁电瓶车进入制（储）氢站。

（7）严禁在运行中的氢气系统及管道上直接动火，如图2-91所示。

图2-91　在运行中的氢气系统及管道上直接动火

（8）氢气系统查漏时，应使用测氢仪或肥皂水，严禁用明火检查，如图2-92所示。

图2-92　用明火对氢气系统查漏

（9）氢气管道、阀门或设备冻结时，应用蒸汽或热水解冻，严禁用火烤，如图 2-93 所示。

图 2-93　用蒸汽或热水对氢气管道、阀门解冻

（10）氢气着火时，应先切断氢源，用二氧化碳灭火。必要时可用石棉布密封漏氢处。

第九节　风力发电机组火灾防控

风力发电机火灾主要是指机舱、塔筒内的设备检修防控不当、电气设备超载短路或雷击等引发的火灾。重要防火部位主要有发电机、变速箱、润滑油系统、刹车装置、电缆、电气设备及电控柜等。

▌一、作业现场要求

（1）风机叶片、机舱、隔热吸音棉应采用不燃、难燃或经阻燃处理的材料。

（2）机舱内涂刷防火涂料。

（3）刹车系统必须采取对火花或高温碎屑的封闭隔离措施。

（4）风机机舱、塔筒内的电气设备及防雷设施的预防性试验合格。

（5）风机机舱、塔筒内的电缆必须采用阻燃电缆。电缆孔洞封堵严密，且涂刷电缆防火涂料，如图 2-94 所示。

图 2-94　电缆孔洞封堵严密，涂刷电缆防火涂料

（6）风机机舱的齿轮油系统应严密、无渗漏。法兰不得使用铸铁材料，不得使用塑料垫、橡胶垫（含耐油橡胶垫）和石棉纸、钢纸垫。

（7）风机机舱内的保温材料必须采用阻燃材料。

（8）风机机舱、塔筒内应装设火灾预警系统（如感烟探测器）和灭火装置。必要时可装设视频火灾监测系统。

（9）风机机舱、塔筒内每个平台处均应摆放合格的消防器材，如图 2-95 所示。

图 2-95　消防器材

（10）风机机舱的末端应装设提升机，配备缓降器、安全绳和安全带，且定期检验合格，保证人员逃逸或施救的安全。

（11）风机塔筒的醒目部位必须悬挂以下安全警示牌，保证齐全规范，如图 2-96 所示。

图 2-96　风机塔筒悬挂的警示牌

（12）风机塔筒内的动火现场安全要求：

1）清除动火区域内可燃物，不能清除时应用阻燃物隔离。

2）氧气瓶、乙炔气瓶应摆放、固定在塔筒外，气瓶间距不得小于5m，不得曝晒，如图 2-97 所示。

图 2-97　气瓶间距小于 5m

3）电焊机电源应取自塔筒外，不得将电焊机放在塔筒内。

4）塔筒内应保持良好通风和充足照明。

5）动火现场应备有灭火器材。

▌▌二、安全作业行为

（1）进入风机机舱、塔筒内，严禁携带火种，严禁吸烟。

（2）风机机舱、塔筒内不得存放易燃易爆物品，如图 2-98 所示。

（3）风机机舱、塔筒内的加热（取暖）设备周边不得有可燃物。

（4）风机机舱、塔筒内的照明灯具应距可燃物保持一定距离。

（5）风机机舱、塔筒内清洗、擦拭设备时，必须使用非易燃清洗剂。严禁使用汽油、酒精等易燃物品。

（6）电缆敷设后，必须及时封堵电缆孔洞。

图 2-98 风机机舱、塔筒内存放易燃易爆物品

（7）电（气）焊动火执行人必须持有焊工证，并穿戴好个人防护用品。

（8）风机机舱、塔筒内应尽量避免动火作业。必须动火时应做好防火隔离安全措施，动火结束后清理火种，如图 2-99 所示。

（9）严禁在机舱内油管道上进行焊接作业。

图 2-99 清理火种

第十节　火灾与爆炸防控安全措施

　　动火作业属于施工现场频繁作业的一种形式，如果现场作业的安全措施落实不到位，就有可能会造成火灾或爆炸事故，造成火灾爆炸事故常见的原因：使用不合格的电焊机、氧气瓶和乙炔气瓶，非焊工进行动火作业，动火场所的可燃气体含量超标动火，动火设备与系统隔离不到位或未吹扫，违章用电、乱拉电源或超载用电，吸烟或使用明火不慎等，为防止此类事故的发生，针对现场作业实际情况，制订以下安全措施。

一、安全管理措施

（一）个人能力要求

（1）一般作业人员必须了解和掌握消防安全常识，会使用常规的消防器材，能及时扑灭初期火灾，并会报火警。

（2）氨站、集控室及特殊场所的人员必须会正确佩戴和使用正压式空气呼吸器。

（3）企业消防主管应经当地消防主管部门专业技能培训合格后，方可上岗。

（4）企业消防主管部门应每年对义务消防员进行一次专业技能培训及消防演练。

（二）着装要求

火灾与爆炸防控着装要求如图 2-100 所示。

（三）个体防护要求

（1）进入电缆沟（隧道）、受限空间、烟火较大等场所灭火时，必须佩戴正压式空气呼吸器。

图2-100　火灾与爆炸防控着装要求

（2）正压式空气呼吸器（见图2-101）应满足以下安全要求：

1）必须有生产许可证、产品合格证。

2）必须经地方消防管理部门检验，并有"检验合格证"。检验周期为三年。

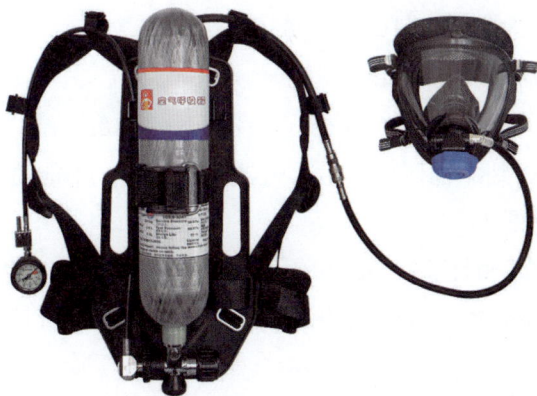

图2-101　正压式空气呼吸器

3）使用前应检查镜片、系带、背具、各类气阀等完好，并做充压试验，压力表指示正常（28~30 MPa），无泄漏现象，气源余压报警器工作正常。

（四）工器具要求

（1）电焊机必须定期检验，检验周期6个月，并贴有"检验合格证"标识。

（2）对氧气瓶、乙炔气瓶的要求：

1）气瓶上瓶帽、防振胶圈完好无损。

2）氧气瓶的减压器应涂蓝色，乙炔气瓶的减压器应涂白色。

3）钢制氧气瓶、乙炔气瓶必须定期检验，检验周期三年，并贴有"检验合格证"标识。

4）气瓶上安装的压力表检定周期6个月，并贴有"检验合格证"标识。

（3）对氧气胶管、乙炔气胶管的要求：

1）颜色。氧气胶管为蓝色，乙炔气胶管为红色。

2）验证压力。氧气胶管验证压力2MPa，乙炔气胶管验证压力0.6MPa。

（4）对灭火器（见图2-102）的要求：

1）灭火器必须定期检验，检验周期3个月。

2）判断灭火器的失效方法。灭火器压力表有红、绿、黄三段：

a）指针指到红色区，表示灭火器内压力小，不能喷出，已失效，应立即充装或更换。

b）指针指到绿色区，表示灭火器内压力正常，可正常使用。

c）指针指到黄色区，表示灭火器内压力过大，可以使用，但却有爆炸的危险。

3）灭火器报废年限（见表2-5）。

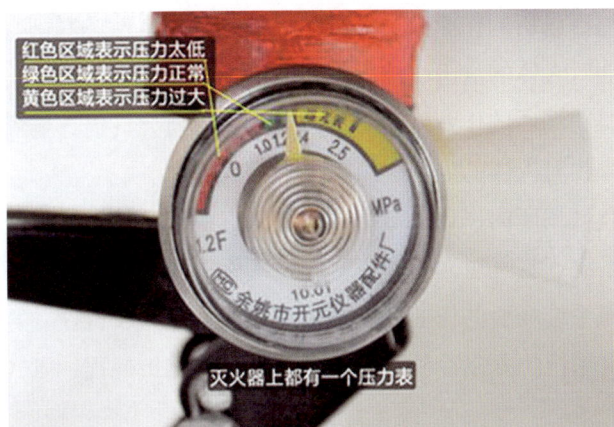

图 2-102　灭火器

表 2-5　　　　　　　　灭火器的报废年限

灭火器类型		报废年限
水基型灭火器	手提式水基型灭火器	6
	推车式水基型灭火器	
干粉灭火器	手提式（贮压式）干粉灭火器	10
	推车式（贮压式）干粉灭火器	
	手提式（储气瓶式）干粉灭火器	
	推车式（储气瓶式）干粉灭火器	
洁净气体灭火器	手提式洁净气体灭火器	
	推车式洁净气体灭火器	
二氧化碳灭火器	手提式二氧化碳灭火器	12
	推车式二氧化碳灭火器	

（五）安全技能要求

（1）一般作业人员必须了解和掌握消防安全常识，会使用常规的消防器材，能及时扑灭初期火灾，并会报火警。

（2）焊工必须掌握焊工知识、电工知识、空气含氧含量允许值、焊工安全技术操作规程。

（3）油区场所的作业人员必须掌握油的介质特性、油气含量允许值、油系统、油对人体的危害、油灭火知识。

（4）煤粉场所的作业人员必须掌握煤粉含量允许值、输煤系统和制粉系统、煤粉对人体的危害、煤粉灭火相关知识。

（5）氢气场所的作业人员必须掌握氢气的介质特性、氢气含量允许值、氢气系统、氢气对人体的危害、氢气灭火相关知识。

（6）氨系统场所的作业人员必须掌握液氨的介质特性、氨气含量允许值、氨气系统、氨制冷和脱硝氨系统运行与维护规程、氨气灭火相关知识。

（7）临时用电的作业人员必须掌握电气基础知识，《电业安全工作规程》（发电厂与变电站部分），电气灭火相关知识，触电急救方法。

（8）消防人员必须掌握易发生火灾爆炸介质的特性，消防器材和设施、灭火器使用方法，消防标识、消防基础知识，灭火方法，现场应急施救方法等。

（9）以上所有作业人员必须掌握《电业安全工作规程》《电力设备典型消防规程》《防止电力生产事故的二十五项重点要求》、动火作业安全防护知识、现场应急处置方案。

（六）现场安全管理

（1）编制火灾爆炸的应急救援预案，并进行演练，做好扑救火灾的准备工作。

（2）在易燃易爆危险区域、有限空间内动火作业前，必须制定安全技术措施。

（3）在禁火区域动火，必须执行动火工作票制度，并由有资质的焊工来担任动火执行人。

（4）动火工作负责人负责确认现场安全措施正确完备，并对工作班成员进行安全交底。

（5）消防监护人负责对确认现场安全措施正确完备，具备动火条件，现场做明火试验。

（6）动火工作结束后，工作负责人、消防监护人必须确认现场清理干净，没有遗留火种等安全隐患后，办理工作票终结手续。

二、安全技术措施

（一）动火作业安全技术措施

1. 作业前

（1）动火作业前，应清除动火现场的易燃易爆物品。

（2）动火点与易燃易爆物容器、设备、管道等相连的，应与其可靠隔离、封堵或拆除；压力容器或管道压力放净，与动火直接相连的阀门关严、上锁和挂牌。

（3）每次使用气体或粉尘浓度检测仪前，应与其他同类型检测仪进行比对检查，确定完好准确。

（4）检测动火点的气体或粉尘浓度的取样点必须具有代表性，检测可燃气体含量合格后，方准动火。

（5）可燃性、易爆气体含量或粉尘浓度检测的时间距动火作业开始时间不得超过 2h。

（6）动火地点必须配备足够、适用、有效的灭火器。

2. 作业中

（1）动火点与易燃易爆物品必须可靠隔离，并检测动火场所可燃气体含量合格。

（2）处于运行状态的生产区域或危险区域，凡能拆移的动火部件，应拆移到安全地点动火。

（3）动火作业中，应每隔 2~4h 检测一次可燃气体或粉尘浓度，发现异常应立即停止动火。

（4）氧气瓶、乙炔气瓶与动火点的安全距离不得小于 10m，两瓶之间不得小于 5m。禁止气瓶在阳光下长期曝晒。

（5）高处动火时，应有采取防止火花溅落措施，并在下方设置警戒区域，专人监护。

（6）在可能转动或来电的设备上动火作业时，必须做好停电、隔离等安全措施。

（7）动火作业中，发现有着火源时应及时进行灭火，当火势较大时，请求他人援助灭火。

3. 作业后

（1）动火结束后，关闭电源、气源，收好焊割工具和材料。

（2）清理现场，消除遗留火种。

（3）工作班成员全部撤离现场，工作负责人办理工作票终结手续。

（二）典型动火作业安全技术措施

1. 有限空间动火作业安全技术措施

（1）与有限空间连通的管道、设备等进行可靠隔离。对氨、氨水、氢气管道必须用盲板隔绝。

（2）必须对容器内的易燃介质进行吹扫、置换、清洗。

（3）必须做到"先通风、再检测、后作业"。

（4）动火场所的氧气浓度必须保持在 19.5%~21% 范围内。严禁采用通氧气的方法解决缺氧问题。

（5）长时间作业时，应每隔 2h 检测一次有害气体含量，作业中断超过 30min 应重新检测。

（6）对长期不通风，且可能存在有机物的有限空间，必须检测硫化氢、甲烷、一氧化碳、二氧化碳气体浓度。

（7）在有限空间内从事衬胶、涂漆、刷环氧树脂等具有挥发性溶剂工作时，必须进行强力通风。

2.高处动火作业安全技术措施

（1）清除焊接设备附近的易燃、可燃物品。

（2）动火点下方的裸露电缆、充油设备、可燃气体管道、可能发生泄漏的阀门和接口等处，必须用石棉布遮盖。

（3）动火点下方搭设的竹木脚手架用水浇湿。

（4）金属熔渣飞溅、掉落区域内，不得放置氧气瓶、乙炔气瓶、易燃易爆物等。

（5）动火点下方的区域必须设置安全警戒区域，设监护人。

3.燃气系统动火作业安全技术措施

（1）将动火管道与系统隔绝，关闭所有阀门并上锁。

（2）将动火侧的管道拆开通大气，非动火侧的管道加堵板。

（3）用氮气吹扫干净，经检测气体数值合格。

4.脱硫系统动火作业安全措施

（1）关闭原、净烟气挡板门，避免吸收塔内向上抽风形成较大负压。

（2）在脱硫吸收塔内动火作业前，工作负责人应检查相应区域内的消防水系统、除雾器冲洗水系统在可靠备用状态。除雾器冲洗水系统不具备备用条件时，严禁在吸收塔内进行动火作业。

（3）除雾器冲洗水管道动火作业时，应进行局部系统隔离，保留其余除雾器冲洗水系统备用。

（4）动火作业只能单点作业。禁止多个动火点同时开工。

（5）焊割作业应采取间歇性工作方式，防止持续高温传热损坏或引燃周边防腐材料。

（6）动火作业时，必须采取可靠的隔离措施，防止火种引燃防腐层、除雾器及落入相同的防腐烟（管）道内，引起火灾。禁止在相通、相连的设备内进行防腐作业。

（7）动火期间，作业区域，吸收塔底部各设置一名专职监护人。

5.脱硝系统动火作业安全技术措施

（1）液氨法烟气脱硝系统动火安全措施：

1）动火前必须做好可靠的隔绝措施，用惰性气体置换动火设备和管道内的液氨，并检测氨气含量合格后，方可动火作业。

2）严禁在存储氨的管道、容器外壁上进行动火作业。

3）动火现场配备足够的灭火器。

4）动火结束后，及时清理火种。

（2）尿素法烟气脱硝系统动火安全措施：

1）尿素储存仓有尿素时，不得在仓内、外壁上动火作业。

2）尿素输送管道动火检修时，必须做好防止管道内残余氨气爆炸的措施。

3）动火现场配备足够的灭火器。

4）动火结束后，及时清理火种。

6.燃油系统动火作业安全技术措施

（1）检修油管道时，必须做好防火措施。在拆下的油管上动火作业前，必须先冲洗干净管道。禁止在有油的管道上动火作业。

（2）电焊机的接地线应接在被焊接的设备上，接地点应靠近焊接处，不准采用远距离接地回路。禁止采用铁棒等金属物来代替接地线。

（3）在油区进行动火作业时，动火设备应放在指定的安全地点。不准使用漏电、漏气的设备。

（4）在燃油管道上动火作业时，必须采取可靠的隔绝措施，靠油罐（油池、油沟）一侧的管路法兰应拆开通大气，并用绝缘物分隔，冲净管内积油，放尽余气，并测量油气合格后，方可动火。

（5）油罐动火安全技术措施：

1）动火油罐应在相邻油罐的上风或侧风。

2）将动火油罐与系统隔离并上锁，清除罐内全部油品并冲洗干净。

3）拆开动火油罐所有管线法兰，油罐侧通大气，非动火的管道侧加盲（堵）板。

4）打开动火油罐各孔口，用防爆通风机从不同位置进行通风，且时间不少于48h。动火期间通风机不得停止运行。

5）拆开管线法兰和打开油罐各孔口到动火开始期间内，周围50m半径范围内应划为警界区域，不得进行任何明火作业。

6）再次动火前，用测爆仪在各孔口处和罐内低凹、焊缝处及容易集聚气体的死角等处测量可燃气体浓度，最好用两台以上测爆仪同时测量，确保测量结果的可靠性。

7）当油罐间距不符合要求时，应在动火油罐侧设置隔离屏障。

7. 氢气系统动火作业安全技术措施

（1）在氢冷发电机及氢冷系统的动火作业或检修、试验工作，必须断开氢气系统，并与运行系统有明确的断开点，充氢侧加装法兰短管，加装金属盲（堵）板。

（2）动火前或检修试验前，必须对检修设备和管道用氮气或其他惰性气体吹洗置换。

（3）采用惰性气体置换法应符合下列要求：

1）惰性气体中氧的体积分数不得超过3%。

2）置换应彻底，防止死角末端残留余氢。

3）氢气系统内氧或氢的含量应至少连续2次分析合格，当氢气系统内氧的体积分数小于或等于0.5%，氢的体积分数小于或等于0.4%时，置换结束。

第十一节 防止火灾事故的相关内容

2014 年 4 月 15 日，国家能源局印发了《防止电力生产事故的二十五项重点要求》（国能安全〔2014〕161 号），其中，"防止人身伤亡事故"中的"防止火灾事故"内容如下：

▌一、加强防火组织与消防设施管理

（1）各单位应建立健全防止火灾事故组织机构，健全消防工作制度，落实各级防火责任制，建立火灾隐患排查治理常态机制。配备消防专责人员并建立有效的消防组织网络和训练有素的群众性消防队伍。定期进行全员消防安全培训、开展消防演练和火灾疏散演习，定期开展消防安全检查。

（2）配备完善的消防设施，定期对各类消防设施进行检查与保养，禁止使用过期和性能不达标消防器材。

（3）消防水系统应同工业水系统分离，以确保消防水量、水压不受其他系统影响；消防设施的备用电源应由保安电源供给，未设置保安电源的应按 II 类负荷供电。消防水系统应定期检查、维护。正常工作状态下，不应将自动喷水灭火系统、防烟排烟系统和联动控制的防火卷帘分隔设施设置在手动控制状态。

（4）可能产生有毒、有害物质的场所应配备必要的正压式空气呼吸器、防毒面具等防护器材，并应进行使用培训，确保其掌握正确使用方法，以防止人员在灭火中因使用不当中毒或窒息。正压式空气呼吸器和防火服应每月检查一次。

（5）检修现场应有完善的防火措施，在禁火区动火应制订动火作业管理制度，严格执行动火工作票制度。变压器现场检修工作期间应有专

人值班，不得出现现场无人情况。

（6）电力调度大楼、地下变电站、无人值守变电站应安装火灾自动报警或自动灭火设施，无人值守变电站其火灾报警信号应接入有人监视遥测系统，以便及时发现火警。

（7）值班人员（含门卫人员）应经专门培训，并能熟练操作厂站内各种消防设施；应制订具有防止消防设施误动、拒动的措施。

二、防止电缆着火事故

（1）新、扩建工程中的电缆选择与敷设应按有关规定进行设计。严格按照设计要求完成各项电缆防火措施，并与主体工程同时投产。

（2）在密集敷设电缆的主控制室下电缆夹层和电缆沟内，不得布置热力管道、油气管及其他可能引起着火的管道和设备。

（3）对于新建、扩建的变电站主控室、火电厂主厂房、输煤、燃油、制氢、氨区及其他易燃易爆场所，应选用阻燃电缆。

（4）采用排管、电缆沟、隧道、桥梁及桥架敷设的阻燃电缆，其成束阻燃性能应不低于 C 级。与电力电缆同通道敷设的低压电缆、控制电缆、非阻燃通信光缆 等应穿入阻燃管，或采取其他防火隔离措施。

（5）严格按正确的设计图册施工，做到布线整齐，同一通道内不同电压等级的电缆，应按照电压等级的高低从下向上排列，分层敷设在电缆支架上。电缆的弯曲半径应符合要求，避免任意交叉并留出足够的人行通道。

（6）控制室、开关室、计算机室等通往电缆夹层、隧道、穿越楼板、墙壁、柜、盘等处的所有电缆孔洞和盘面之间的缝隙（含电缆穿墙套管与电缆之间缝隙）必须采用合格的不燃或阻燃材料封堵。

（7）非直埋电缆接头的最外层应包覆阻燃材料，充油电缆接头及敷设密集的中压电缆的接头应用耐火防爆槽盒封闭。

（8）扩建工程敷设电缆时，应与运行单位密切配合，在电缆通道内敷设电缆需经运行部门许可。对贯穿在役变电站或机组产生的电缆孔洞和损伤的阻火墙，应及时恢复封堵，并由运行部门验收。

（9）电缆竖井和电缆沟应分段做防火隔离，对敷设在隧道和主控室或厂房内构架上的电缆要采取分段阻燃措施。

（10）应尽量减少电缆中间接头的数量。如需要，应按工艺要求制作安装电缆头，经质量验收合格后，再用耐火防爆槽盒将其封闭。变电站夹层内在役接头应 逐步移出，电力电缆切改或故障抢修时，应将接头布置在站外的电缆通道内。

（11）在电缆通道、夹层内动火作业应办理动火工作票，并采取可靠的防火措施。在电缆通道、夹层内使用的临时电源应满足绝缘、防火、防潮要求。工作人员撤离时应立即断开电源。

（12）变电站夹层宜安装温度、烟气监视报警器，重要的电缆隧道应安装温度在线监测装置，并应定期传动、检测，确保动作可靠、信号准确。

（13）建立健全电缆维护、检查及防火、报警等各项规章制度。严格按照运行规程规定对电缆夹层、通道进行定期巡检，并检测电缆和接头运行温度，按规定进行预防性试验。

（14）电缆通道、夹层应保持清洁，不积粉尘，不积水，采取安全电压的照明应充足，禁止堆放杂物，并有防火、防水、通风的措施。发电厂锅炉、燃煤储运车间内架空电缆上的粉尘应定期清扫。

（15）靠近高温管道、阀门等热体的电缆应有隔热措施，靠近带油设备的电 缆沟盖板应密封。

（16）发电厂主厂房内架空电缆与热体管路应保持足够的距离，控制电缆不小于 0.5m，动力电缆不小于 lm。

（17）电缆通道临近易燃或腐蚀性介质的存储容器、输送管道时，应加强监视，防止其渗漏进入电缆通道，进而损害电缆或导致火灾。

▌三、防止汽机油系统着火事故

（1）油系统应尽量避免使用法兰连接，禁止使用铸铁阀门。

（2）油系统法兰禁止使用塑料垫、橡皮垫（含耐油橡皮垫）和石棉纸垫。

（3）油管道法兰、阀门及可能漏油部位附近不准有明火，必须明火作业时要采取有效措施，附近的热力管道或其他热体的保温应紧固完整，并包好铁皮。

（4）禁止在油管道上进行焊接工作。在拆下的油管上进行焊接时，必须事先将管子冲洗干净。

（5）油管道法兰、阀门及轴承、调速系统等应保持严密不漏油，如有漏油应及时消除，严禁漏油渗透至下部蒸汽管、阀保温层。

（6）油管道法兰、阀门的周围及下方，如敷设有热力管道或其他热体，这些热体保温必须齐全，保温外面应包铁皮。

（7）检修时如发现保温材料内有渗油时，应消除漏油点，并更换保温材料。

（8）事故排油阀应设两个串联钢质截止阀，其操作手轮应设在距油箱 5m 以外的地方，并有两个以上的通道，操作手轮不允许加锁，应挂有明显的"禁止操作"标示牌。

（9）油管道要保证机组在各种运行工况下自由膨胀，应定期检查和维修油管道支吊架。

（10）机组油系统的设备及管道损坏发生漏油，凡不能与系统隔绝处理的或热力管道已渗入油的，应立即停机处理。

四、防止燃油罐区及锅炉油系统着火事故

（1）严格执行 GB 26164.1—2010《电业安全工作规程 第1部分：热力和机械》中的有关要求。

（2）储油罐或油箱的加热温度必须根据燃油种类严格控制在允许的范围内，加热燃油的蒸汽温度，应低于油品的自燃点。

（3）油区、输卸油管道应有可靠的防静电安全接地装置，并定期测试接地电阻值。

（4）油区、油库必须有严格的管理制度。油区内明火作业时，必须办理明火工作票，并应有可靠的安全措施。对消防系统应按规定定期进行检查试验。

（5）油区内易着火的临时建筑要拆除，禁止存放易燃物品。

（6）燃油罐区及锅炉油系统的防火还应遵守以下规定：

1）禁止在油管道上进行焊接工作。在拆下的油管上进行焊接时，必须事先将管子冲洗干净。

2）油管道法兰、阀门的周围及下方，如敷设有热力管道或其他热体，这些热体保温必须齐全，保温外面应包铁皮。

3）检修时如发现保温材料内有渗油时，应消除漏油点，并更换保温材料。

（7）燃油系统的软管，应定期检查更换。

五、防止制粉系统爆炸事故

（1）严格执行 GB 26164.1—2010《电业安全工作规程 第1部分：热力和机械》中有关锅炉制粉系统防爆的有关规定。

（2）及时消除漏粉点，清除漏出的煤粉。清理煤粉时，应杜绝明火。

（3）磨煤机出口温度和煤粉仓温度应严格控制在规定范围内，出口风温不得超过煤种要求的规定。

六、防止氢气系统爆炸事故

（1）严格执行 GB 26164.1—2010《电业安全工作规程　第1部分：热力和机械》中"氢冷设备和制氢、储氢装置运行与维护"的有关规定。

（2）氢冷系统和制氢设备中的氢气纯度和含氧量必须符合 GB4962—2008《氢气使用安全技术规程》。

（3）在氢站或氢气系统附近进行明火作业时，应有严格的管理制度，并应办理一级动火工作票。

（4）制氢场所应按规定配备足够的消防器材，并按时检查和试验。

（5）密封油系统平衡阀、压差阀必须保证动作灵活、可靠，密封瓦间隙必须调整合格。

（6）空气、氢气侧各种备用密封油泵应定期进行联动试验。

七、防止输煤皮带着火事故

（1）输煤皮带停止上煤期间也应坚持巡视检查，发现积煤、积粉应及时清理。

（2）煤垛发生自燃现象时应及时扑灭，不得将带有火种的煤送入输煤皮带。

（3）燃用易自燃煤种的电厂必须采用阻燃输煤皮带。

（4）应经常清扫输煤系统、辅助设备、电缆排架等各处的积粉。

八、防止脱硫系统着火事故

（1）脱硫防腐工程用的原材料应按生产厂家提供的储存、保管、运输特殊技术要求，入库储存分类存放，配置灭火器等消防设备，设置严禁动火标志，在其附近 5m 范围内严禁动火；存放地应采用防爆型电气装置，照明灯具应选用低压防爆型。

（2）脱硫原、净烟道，吸收塔、石灰石浆液箱、事故浆液箱、滤液箱、衬肢管、防腐管道（沟）、集水箱区域或系统等动火作业时，必须严格执行动火工作票制度，办理动火工作票。

（3）脱硫防腐施工、检修时，检查人员进入现场除按规定着装外，不得穿带有铁钉的鞋子，以防止产生静电引起挥发性气体爆炸；各类火种严禁带入现场。

（4）脱硫防腐施工、检修作业区，现场应配备足量的灭火器；防腐施工面积在 $10m^2$ 以上时，防腐现场应接引消防水带，并保证消防水随时可用。

（5）脱硫防腐施工、检修作业区 5m 范围设置安全警示牌并布置警戒线，警示牌应挂在显著位置，由专职安全人员现场监督，未经允许不得进入作业场地。

（6）吸收塔和烟道内部防腐施工时，至少应留 2 个以上出入孔，并保持通道畅通；至少应设置 2 台防爆型排风机进行强制通风，作业人员应戴防毒面具。

（7）脱硫塔安装时，应有完整的施工方案和消防方案，施工人员须接受过专业培训，了解材料的特性，掌握消防灭火技能；施工场所的电线、电动机、配电设备应符合防爆要求；应避免安装和防腐工程同时施工。

九、防止氨系统着火爆炸事故

（1）健全和完善氨制冷和脱硝氨系统运行与维护规程。

（2）进入氨区，严禁携带手机、火种，严禁穿带铁掌的鞋，并在进入氨区前进行静电释放。

（3）氨压缩机房和设备间应使用防爆型电器设备，通风、照明良好。

（4）液氨设备、系统的布置应便于操作、通风和事故处理，同时必须留有足够宽度的操作空间和安全疏散通道。

（5）在正常运行中会产生火花的氨压缩机启动控制设备、氨泵及空气冷却器（冷风机）等动力装置的启动控制设备不应布置在氨压缩机房中。库房温度遥测、记录仪表等不宜布置在氨压缩机房内。

（6）在氨罐区或氨系统附近进行明火作业时，必须严格执行动火工作票制度，办理动火工作票；氨系统动火作业前、后应置换排放合格；动火结束后，及时清理火种。氨区内严禁明火采暖。

（7）氨储罐区及使用场所，应按规定配备足够的消防器材、氨泄漏检测器和视频监控系统，并按时检查和试验。

（8）氨储罐的新建、改建和扩建工程项目应进行安全性评价，其防火、防爆设施应与主体工程同时设计、同时施工、同时验收投产。

▌▌十、防止天然气系统着火爆炸事故

（1）天然气系统的设计和防火间距应符合 GB 50183—2015《石油天然气工程设计防火规范（暂缓实施）》的规定。

（2）天然气系统的新建、改建和扩建工程项目应进行安全评价，其防火、防爆设施应与主体工程同时设计、同时施工、同时验收投产。

（3）天然气系统区域应建立严格的防火防爆制度，生产区与办公区应有明显的分界标志，并设有"严禁烟火"等醒目的防火标志。

（4）天然气爆炸危险区域，应按 SY 6503—2016《石油天然气工程可燃气体检测报警系统安全规范》的规定安装、使用可燃气体检测报警器。

（5）应定期对天然气系统进行火灾、爆炸风险评估，对可能出现的危险及影响应制订和落实风险削减措施，并应有完善的防火、防爆应急救援预案。

（6）天然气系统的压力容器使用管理应按《特种设备安全监察条例》（国务院令第 549 号）的规定执行。

（7）天然气系统中设置的安全阀，应做到启闭灵敏，每年至少委托有资格的检验机构检验、校验一次。压力表等其他安全附件应按其规定的检验周期定期进行校验。

（8）在天然气管道中心两侧各 5m 范围内，严禁取土、挖塘、修渠、修建养殖水场、排放腐蚀性物质、堆放大宗物资、采石、建温室、垒家畜棚圈、修筑其他建筑（构）物或者种植深根植物。在天然气管道中心两侧或者管道设施场区外各 50m 范围内，严禁爆破、开山和修建大型建（构）筑物。

（9）天然气爆炸危险区域内的设施应采用防爆电器，其选型、安装和电气线路的布置应按 GB 50058—2014《爆炸危险环境电力装置设计规范》执行，爆炸危险区域内的等级范围划分应符合相关规定。

（10）天然气区域应有防止静电荷产生和集聚的措施，并设有可靠的防静电接地装置。

（11）天然气区域的设施应有可靠的防雷装置，防雷装置每年应进行两次监测（其中在雷雨季节前监测一次），接地电阻不应大于 100。

（12）连接管道的法兰连接处，应设金属跨接线（绝缘管道除外），当法兰用 5 副以上的螺栓连接时，法兰可不用金属线跨接，但必须构成电气通路。

（13）在天然气易燃易爆区域内进行作业时，应使用防爆工具，并穿戴防静电服和不带铁掌的工鞋。禁止使用手机等非防爆通信工具。

（14）机动车辆进入天然气系统区域，排气管应带阻火器。

（15）天然气区域内不应使用汽油、轻质油、苯类溶剂等擦地面、设备和衣物。

（16）天然气区域需要进行动火、动土、进入有限空间等特殊作业时，应按照作业许可的规定，办理作业许可。

（17）天然气区域应做到无油污、无杂草、无易燃易爆物，生产设施做到不漏油、不漏气、不漏电、不漏火。

（18）应配置专职的消防队（站）人员、车辆和装备，并符合国家和行业的标准要求，制订灭火救援预案，定期演练。

（19）发生火灾、爆炸后，事故有继续扩大蔓延的态势时，火场指挥部应及时采取安全警戒措施，果断下达撤退命令，在确保人员、设备、物资安全的前提下，采取相应的措施。

十一、防止风力发电机组着火事故

（1）建立健全预防风力发电机组（以下简称风机）火灾的管理制度，严格风机内动火作业管理，定期巡视检查风机防火控制措施。

（2）严格按设计图册施工，布线整齐，各类电缆按规定分层布置，电缆的弯曲半径应符合要求，避免交叉。

（3）风机叶片、隔热吸音棉、机舱、塔筒应选用阻燃电缆及不燃、难燃或经阻燃处理的材料，靠近加热器等热源的电缆应有隔热措施，靠近带油设备的电缆槽盒密封，电缆通道采取分段阻燃措施，机舱内涂刷防火涂料。

（4）风机内禁止存放易燃物品，机舱保温材料必须阻燃。机舱通往塔筒穿越平台、柜、盘等处电缆孔洞和盘面缝隙采用有效的封堵措施且涂刷电缆防火涂料。

（5）定期监控设备轴承、发电机、齿轮箱及机舱内环境温度变化，发现异常及时处理。

（6）母排、并网接触器、励磁接触器、变频器、变压器等一次设备动力电缆必须选用阻燃电缆，定期对其连接点及设备本体等部位进行温度检测。

（7）风机机舱、塔筒内的电气设备及防雷设施的预防性试验合格，并定期对风机防雷系统和接地系统检查、测试。

（8）严格控制油系统加热温度在允许温度范围内，并有可靠的超温保护。

（9）刹车系统必须采取对火花或高温碎屑的封闭隔离措施。

（10）风机机舱的齿轮油系统应严密、无渗漏、法兰不得使用铸铁材料、不得使用塑料垫、橡胶垫（含耐油橡胶垫）和石棉纸、钢纸垫。

（11）风机机舱、塔筒内应装设火灾报警系统（如感烟探测器）和灭火装置。必要时可装设火灾检测系统，每个平台处应摆设合格的消防器材。

（12）风机机舱的末端装设提升机，配备缓降器、安全绳、安全带及逃生装置，且定期检验合格，保证人员逃逸或施救安全。塔筒的醒目部位必须悬挂安全警示牌，应尽量避免动火作业，必要动火时保证安全规范。

（13）风机塔筒内的动火作业必须开具动火作业票，作业前消除动火区域内可燃物，且不能应用阻燃物隔离。氧气瓶、乙炔气瓶应摆放、固定在塔筒外，气瓶间距不得小于5m，不得曝晒。电焊机电源应取自塔筒外，不得将电焊机放在塔筒内，严禁在机舱内油管道上进行焊接作业，作业场所保持良好通风和照明。动火结束后清理火种。

（14）进入风机机舱、塔筒内，严禁带火种、严禁吸烟，不得存放易燃品。清洗、擦拭设备时，必须使用非易燃清洗剂。严禁使用汽油、酒精等易燃物。

第三章
中毒与窒息

第一节　中毒与窒息定义及分类

一、中毒

1. 定义

（1）中毒。人体过量或大量接触化学毒物，造成伤害。

（2）职业中毒。职业中毒指在劳动过程中，人体通过不同途径吸收了生产性毒物所引起的中毒。

（3）职业病。职业病指在职业活动中，因接触粉尘、放射性物质和其他有毒、有害物质等所造成的疾病。

2. 中毒分类

毒物侵入人的机体会引起全身性疾病，按其发生发展过程分为急性中毒、慢性中毒和亚急性。

（1）急性中毒。毒物一次或短时间内大量进入人体后所引起的中毒。这种中毒往往是在生产过程发生意外事件所致。

（2）慢性中毒。小量毒物长期进入人体后所引起的中毒。这是由于毒物在体内蓄积所致。

（3）亚急性中毒。介于急性和慢性中毒之间，在较短时间内有较大剂量毒物进入人体所致。

3. 毒物进入体内的途径

（1）经口进入体内：①误服毒物；②遭到投毒；③主动服毒（自杀）。

（2）经呼吸道进入体内。吸入毒气或含毒的气溶胶（空气中悬浮的微粒）。由于人的气体交换面积很大（60~120m^2），毒物能在短时间大量进入体内，故经呼吸中毒者往往病情危重，危险性大。

（3）经皮肤、黏膜进入体内。

1）皮肤通常是一道良好的天然屏障，毒物并不容易通过皮肤进入体内，但下述三种情况下毒物比较容易通过皮肤进入：皮肤有破损；毒物在皮肤上长时间停留，特别是脂溶性毒物；天气热出汗时皮肤毛孔扩张。

2）黏膜是薄弱环节，一旦染毒则毒物容易进入体内。

（4）经注射进入体内：①吸毒者自己为自己注射；②医疗意外，误将错误种类或剂量的药物注入患者体内。

4. 常见气体对人体的伤害程度

（1）一氧化碳对人体伤害程度。一氧化碳是无色、无臭、无味的有毒气体。通常煤气会产生。当空气中一氧化碳的体积分数为 0.02% 时，2~3h 人可出现症状；体积分数为 0.08% 时，2h 人可昏迷；一氧化碳浓度对人的伤害程度见表 3-1。

表 3-1 　　　　　　一氧化碳浓度对人体伤害程度

浓度（ppm）	症状	停留时间
50	最高容许浓度	8h
200	轻度头痛，不适	3h
600	头痛，不适	1h
1000~2000	轻度心悸	30min
	站立不稳，蹒跚	1.5h
	混乱，恶心，头痛	2h
2000~5000	昏迷，失去知觉	30min

（2）硫化氢对人体伤害程度。硫化氢是无色、有臭鸡蛋气味的毒性气体。通常因粪便和生活垃圾中的有机物腐败而产生。当空气中硫化氢的体积分数超过 0.1% 时，人就能引起头疼晕眩等中毒症状。硫化氢浓度对人体伤害程度见表3-2。

表 3-2　　　　　　　　　　硫化氢浓度对人体伤害程度

浓度（mg/m³）	症状	停留时间
0.012-0.03	硫化氢的嗅觉阈	
10	最高容许浓度	8h
70~150	呼吸道及眼刺激症状	1~2h
200~300	眼急性刺激症状、肺水肿	1h
500~760	肺水肿、支气管炎及肺炎、头痛、头昏、步态不稳、恶心、呕吐，甚至死亡	15~60min
≥1000	意识丧失或死亡	几分钟甚至瞬间死亡（电击样死亡）

（3）氨气对人体伤害程度。氨是一种无色且具有强烈刺激性臭味的气体，碱性物质，比空气轻（比重为0.5）。人体吸入后会引起头疼晕眩等中毒症状。所以，国家标准规定：空气中氨气浓度不得超过 0.2mg/m³。氨气浓度对人体伤害程度见表3-3。

表 3-3　　　　　　　　　　氨气浓度对人体伤害程度

空气中氨气浓度（mg/m³）	症状	停留时间
189.7	刺激眼、鼻、喉	30~60min，无严重影响
303.6	眼痛，流泪	短时间内，无严重影响
531.2	人体可以忍受的极限	不宜长期滞留，逃离
1290.2	剧烈咳嗽，严重刺激眼、鼻、喉	30min 可能导致死亡
1897.4	剧烈咳嗽，严重刺激眼、鼻、喉	15min 可能导致死亡
3794.6	引起痉挛性呼吸困难，窒息	不许停留，迅速死亡
12143~18973	高温度条件下遇明火可引起爆炸	迅速死亡

（4）油漆对人体伤害程度。油漆主要化学成分是二甲苯、酯类等低沸点的有机溶剂。油漆对人体最有害的物质主要有甲醛、苯、乙二醇醚类溶剂等。

甲醛是一种无色，有强烈刺激型气味的气体，属于中等毒性物质。易溶于水、醇和醚。甲醛在常温下是气态，通常以水溶液形式出现。易溶于水和乙醇，35%~40% 的甲醛水溶液叫作福尔马林。人体吸入后可引发鼻、咽、喉部不适，有烧灼感、咳嗽、呼吸困难、头痛、心烦、鼻腔黏膜糜烂。长期吸入可导致鼻咽癌、喉头癌等多种严重疾病。甲醛浓度对人体伤害程度见表 3-4。

表 3-4　　　　　　　　甲醛浓度对人体伤害程度

甲醛状态	症状	浓度
甲醛气态	刺激眼	$0.06mg/m^3$
	刺激嗅觉	$0.06{\sim}0.22mg/m^3$
	刺激上呼吸道	$0.12\ mg/m^3$
	损伤 DNA 细胞	$1.24{\sim}3.71\ mg/m^3$
甲醛溶液	死亡	10~20ml

苯是一种具有特殊芳香气味的无色透明液体，易挥发、易燃，蒸汽有爆炸性，常温下挥发很快。短时间内吸入高浓度苯蒸气可发生急性苯中毒，出现兴奋或酒醉感，伴有黏膜刺激症状。苯浓度对人体伤害程度见表 3-5。

表 3-5　　　　　　　　苯浓度对人体伤害程度

空气中苯浓度（mg/m^3）	症状	停留时间（min）
100~480	头痛、乏力、疲劳	300
1600	一般中毒症状	300
4800	严重中毒症状	60
240000	生命垂危	30
610000~640000	死亡	5~10

▋二、窒息

1. 定义

人体的呼吸过程由于外界氧气不足、其他气体过多、呼吸系统发生障碍等所造成呼吸困难，甚至呼吸停止，称为窒息。

2. 窒息分类

当人体内严重缺氧时，器官和组织会因为缺氧而损伤、坏死，尤其是大脑。气道完全阻塞造成不能呼吸只要 1min，心跳就会停止。窒息分为机械性、中毒性、病理性。

（1）机械性窒息。因机械作用引起呼吸障碍，如缢、绞、扼颈项部、用物堵塞呼吸孔道、压迫胸腹部，以及患急性喉头水肿或食物吸入气管等造成的窒息。

（2）中毒性窒息。如一氧化碳中毒，大量的一氧化碳由呼吸道吸入肺，进入血液，与血红蛋白结合成碳氧血红蛋白，阻碍了氧与血红蛋白的结合与解离，导致组织缺氧造成的窒息。

（3）病理性窒息。因疾病引起机体缺氧，同时伴有二氧化碳的蓄积所致。如溺水和肺炎等引起的呼吸面积丧失；脑循环障碍引起的中枢性呼吸停止；空气中缺氧的窒息。

3. 氧气对人体的影响

氧气在参与人生物化学反应中起着重要的作用。人体吸入氧气，通过呼吸系统和血液运送到人体细胞中，经过一系列的化学反应，得到了人生存需要的能量，而后产生反应产物二氧化碳放出。人需要的能量越多时，吸入的氧气就越多；反之，人需要的能量少时，吸入的氧气就少。过多或过少的吸入氧气对人体都将不利。过少吸入氧气时，很多细胞就会因为缺氧而死亡；过多吸入氧气时（例如吸入纯氧），人体会因为氧气过多而导致兴奋，兴奋多度就会产生生命危险。不同浓度的氧气对人体的影响见表 3-6。

表 3-6 不同浓度的氧气对人体的影响

浓度（V/V）	人体症状
19.5%~23.5%	正常氧气浓度
15%~19%	工作能力降低、感到费力
12%~14%	呼吸急促、脉搏加快，协调能力和感知判断力降低
10%~12%	呼吸减弱，嘴唇变青
8%~10%	神志不清、昏厥、面色土灰、恶心和呕吐
6%~8%	≥ 8min，100% 死亡；6min，50% 可能死亡；4~5min，可能恢复
4%~6%	40s 后昏迷、抽搐、呼吸停止、死亡

三、有限空间

1. 定义

有限空间是指封闭或部分封闭，进出口较为狭窄，自然通风不良，易造成有毒有害、易燃易爆物质积聚或氧含量不足的空间。

2. 分类

（1）容器类。如凝汽器、热交换器、凝结水箱、主辅机油箱及事故油箱、疏水扩容器、汽包、储油罐、储气罐、化学储罐（水箱）、酸碱罐、液氨储罐、蒸发器、脱硫吸收塔、事故浆液箱等。容器内作业如图 3-1 所示。

图 3-1 容器内作业

（2）管道类。如循环水管、热网管、源水管等各种管路，封闭母线，锅炉炉膛，空气预热器，除尘器，煤粉分离器，落煤管，烟风道等。管道内作业如图 3-2 所示。

图 3-2 管道内作业

（3）建（构）筑物类。如集水（油）池、阀门井、沟道、电缆隧道、烟囱、水电厂引水洞、调压井、风机塔筒（机舱）、化粪池等地下设施。井下作业如图 3-3 所示。

图 3-3 井下作业

（4）仓（罐）类。如球磨煤机、筒仓（灰库）、煤粉仓、原煤斗、灰斗、渣仓等。仓（罐）内作业如图 3-4 所示。

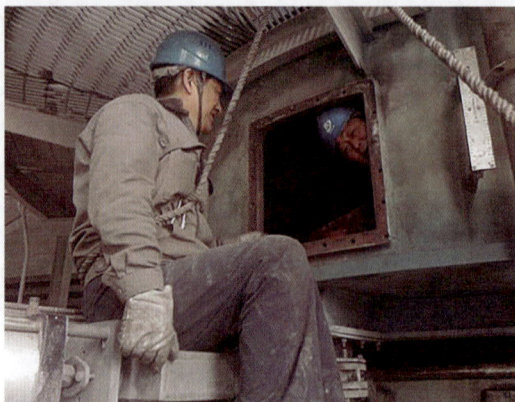

图 3-4 仓罐内作业

3. 有限空间安全作业"五必须"

2014 年 9 月 29 日，国家安全生产监督管理总局令第 69 号《有限空间安全作业五条规定》，内容如下：

（1）必须严格实行作业审批制度，严禁擅自进入有限空间作业。

（2）必须做到"先通风、再检测、后作业"，严禁通风、检测不合格作业。

（3）必须配备个人防中毒窒息等防护装备，设置安全警示标识，严禁无防护监护措施作业。

（4）必须对作业人员进行安全培训，严禁教育培训不合格上岗作业。

（5）必须制订应急措施，现场配备应急装备，严禁盲目施救。

第二节　中毒与窒息安全风险辨识

一、中毒与窒息安全风险辨识要点

施工现场经常会遇到容器内、管道内、沟道内、井坑内等作业场所，这些作业场所的共同特点是空间封闭或部分封闭、与外界相对隔离，出入口较为狭窄，自然通风不良，作业环境复杂，危险有害因素多，易发生中毒窒息的伤害事故，特别是在事故时施救难度大，如果盲目施救、施救方法或防护不当，又易造成施救人员伤亡的扩大事故。为了防止此类事故的发生及危险化学品中毒窒息事故，作业前必须对现场作业进行风险辨识，并进行有效防控，做到"先通风、再检测、后作业"，才能保证作业全过程中的人身安全。中毒窒息安全风险辨识要点见表3-7。

表 3-7　　　　　　　　中毒窒息安全风险辨识要点

序号	辨识内容	风险辨识要点
1	容器类	（1）与容器连接的管道阀门是否关严、加锁，并挂"有人工作，禁止操作"警示牌 （2）存过油的容器是否吹扫干净 （3）存过有害物质的容器是否置换干净 （4）进入容器前是否检测有害气体浓度，是否合格 （5）在容器内有人作业时，是否保持良好通风，人孔门处是否设专人看护 （6）暂停工作时，人孔门处是否挂"危险！禁止入内"警示牌 （7）重新恢复工作前是否再次检测有害气体浓度 （8）作业结束后是否清点工具和人数
2	管道（烟道）类	（1）与管道连接的阀门是否关严、加锁，并挂"有人工作，禁止操作"警示牌 （2）存过油的管道是否吹扫干净 （3）存过有害物质的管道是否置换干净 （4）进入管道前是否检测有害气体浓度，是否合格 （5）在管道内有人作业时，是否保持良好通风，人孔门处是否设专人看护 （6）暂停工作时，人孔门处是否挂"危险！禁止入内"警示牌 （7）重新恢复工作前是否再次检测有害气体浓度 （8）作业结束后是否清点工具和人数
3	建（构）筑物类	（1）沟道进出口盖板、各类井盖板掀开后是否进行通风换气 （2）进入沟道内、井内前是否检测有害气体浓度，是否合格 （3）在沟道内、井内有人作业时，是否保持良好通风，进出口处是否设专人看护 （4）暂停工作时，进出口处是否挂"危险！禁止入内"警示牌 （5）重新恢复工作前是否再次检测有害气体浓度 （6）作业结束后是否清点工具和人数

续表

序号	辨识内容	风险辨识要点
4	仓（罐）类	（1）煤（粉）仓内物料是否清空，运料设备是否全部停运，切断电源，并挂"有人工作，禁止合闸"警示牌 （2）煤（粉）仓下面的闸板门是否关严，并挂"有人工作，禁止合闸"警示牌 （3）进入煤（粉）仓前是否检测有害气体浓度，必要时可用小活体动物做试验 （4）煤（粉）仓内作业人员是否系好安全带，安全带是否挂在安全绳上，安全绳另一端是否由监护人手持，并拴在牢固的构件上 （5）作业中，监护人是否始终在煤（粉）仓上口处监护，认真履行职责 （6）清理煤（粉）仓内物料时，是否自上而下进行作业，禁止采用掏挖底脚方法进行，以防坍塌淹埋窒息 （7）暂停工作时，进出口处是否挂"危险！禁止入内"警示牌 （8）重新恢复工作前是否再次检测有害气体浓度 （9）作业结束后是否清点工具和人数
5	危险化学品场所	（1）化学工作人员是否佩戴防护用品 （2）危险化学品场所是否通风良好，室内是否安装通风柜橱 （3）是否采用口尝或正对瓶口用鼻嗅的方法鉴别药品 （4）化学实验时是否一边作业一边饮（水）食 （5）在化学试验室内工作较长时间时，是否进行换气 （6）接触水银工作人员是否戴乳胶手套，是否用嘴含工具吸水银 （7）用过的擦拭抹布和棉纱头等是否及时放在专用铁箱内 （8）工作结束后，接触化学工作人员是否及时换衣洗手
6	刷（涂）漆场所	（1）工作人员是否戴口罩，必要时是否戴防毒面具 （2）作业场所是否通风良好，窗户是否全开 （3）工作人员是否疲劳作业 （4）在有限空间场所作业是否有监护人 （5）是否在热体上刷（涂）漆作业 （6）是否用氧气作为喷枪气源 （7）作业场所是否配备灭火器 （8）工作结束后，工作人员是否及时换衣洗手

二、中毒与窒息主要安全风险

发电企业有可能中毒、窒息的主要场所有：密闭容器内作业、沟道（池）内作业、煤灰斗（仓）作业、危险化学品场所作业、刷（喷）漆作业等。存在的主要安全风险有：

（1）在有限空间内长时间作业时，因通风不良，缺氧窒息，如图 3-5 所示。

图 3-5　有限空间作业缺氧窒息

（2）容器内的有害气体置换、吹扫不彻底，残留气体使人中毒，如图 3-6 所示。

图 3-6　容器内作业残留气体使人中毒

（3）在容器内作业，因与其连接管道的阀门关闭不严，有害气体串入使人中毒，如图 3-7 所示。

图 3-7　容器内作业有害气体串入使人中毒

（4）在电缆沟、烟道内、管道内长时间作业时，因通风不良、空间温度升高，缺氧窒息，如图 3-8 所示。

图 3-8　沟道作业缺氧窒息

（5）中水前池附近因空气流动慢，易积聚氯等有害气体，人员吸入中毒，如图 3-9 所示。

图3-9　中水前池附近吸入有害气体中毒

（6）排污管道、化粪池、地沟内易产生硫化氢、沼气等，人员吸入中毒，如图3-10所示。

图3-10　沟道内吸入硫化氢中毒

（7）长时间未打开的各类井坑等，产生、聚集有害气体，人员吸入中毒，如图3-11所示。

图 3-11　井坑内作业吸入有害气体中毒

（8）原煤（粉）仓内有可能会产生一氧化碳气体，人员吸入中毒，如图 3-12 所示。

图 3-12　原煤仓内吸入一氧化碳中毒

（9）脱硫塔内、锅炉烟道有可能会产生二氧化硫等有害气体，人员吸入中毒，如图 3-13 所示。

图 3-13　脱硫塔内吸入有害气体中毒

（10）当液氨等危险化学品泄漏时，人员吸入毒气中毒，如图 3-14 所示。

图 3-14　危险化学品泄漏，人员吸入中毒

（11）危化品储存间、化学试验室长时间积存有害气体，因通风不良，人员吸入中毒，如图 3-15 所示。

图3-15　吸入储存间、试验室积存有害气体中毒

（12）化学试验人员因操作和防护不当，吸入有害气体，造成中毒、窒息，如图 3-16 所示。

图3-16　操作和防护不当吸入有害气体中毒

（13）在室内涂刷油漆（涂料）时，因通风不良，人员长期吸入有害气体，造成中毒、窒息，如图 3-17 所示。

图 3-17　涂刷油漆时通风不良中毒

（14）当发生火灾时，现场人员防护不当或救火人员未佩戴空气呼吸器进入现场，吸入大量烟气窒息，如图 3-18 所示。

图 3-18　火灾时吸入大量烟气窒息

（15）物料坍塌被掩埋造成机械性窒息，如图 3-19 所示。

图 3-19　掩埋造成机械性窒息

第三节　密闭容器内中毒防控

发电企业常见的密闭容器有汽包，加热器，除氧器，凝结器，各类罐、槽、箱、管道等。

▌一、作业现场要求

（1）必须排尽密闭容器内汽水，对盛装有害气体的应置换和吹扫。

（2）密闭容器与其他管道的连接处应加堵板，可靠隔离，如图 3-20 所示。

（3）打开密闭容器人孔门，保持良好通风，必要时强制通风，如图 3-21 所示。

（4）检测容器内的有害气体含量不超标。

（5）密闭容器内的环境温度不得超过 40℃。

（6）密闭容器内的逃生通道必须畅通。

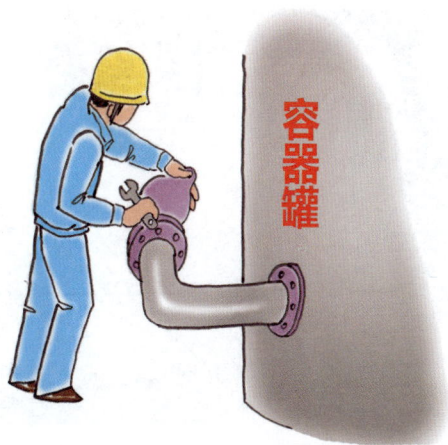

图3-20　加装堵板，可靠隔离

图3-21　打开容器人孔门，保持通风

（7）凝汽器循环水进水口应加装堵板。

（8）密闭容器内的照明电压小于或等于24V，在潮湿金属容器内的照明电压为12V，且保证照明充足。

（9）密闭容器外悬挂"在此工作"提示牌，如图3-22所示。

图 3-22　容器外悬挂"在此工作"提示牌

二、作业行为要求

（1）进入容器时作业人员应佩戴正压式呼吸器。严禁佩戴过滤式防毒面具。

（2）容器外必须设专人监护，且与容器内的人员定时喊话联系，如图 3-23 所示。

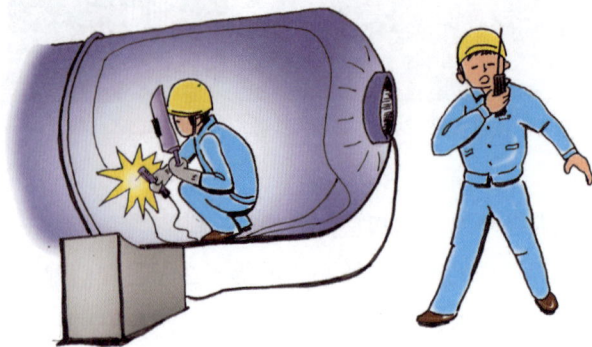

图 3-23　容器外设专人监护

（3）容器内有人作业时，应保持良好通风，严禁向容器内输送氧气，如图 3-24 所示。

图 3-24　向容器内输送氧气

（4）进入容器内作业时，必须做好逃生措施。严禁用卷扬机、吊车等运送人员进出容器内，如图 3-25 所示。

图 3-25　用卷扬机运送人员进出容器

（5）在密闭容器内作业时间较长时，必须采取定时轮换作业方法。

（6）当容器内的人员感到身体不适时，必须立即撤离现场，如图3-26所示。

图 3-26　人员感到身体不适

（7）当容器内有人中毒、窒息时，施救人员必须佩戴防毒面具或正压式空气呼吸器后，方准进入容器内，如图 3-27 所示。

图 3-27　施救人员佩戴防毒用具

（8）在关闭容器的人孔门前，必须清点人数，并喊话确认无人，如图 3-28 所示。

图 3-28　关闭容器人孔门前，清点人数

第四节　沟道（池）内中毒防控

发电企业的主要沟道（池）场所有电缆沟、烟道、中水前池、污水池、化粪池、截门井、排污管道、地沟（坑）、地下室等。在沟道（池）内作业时，由于地下的污物、杂物容易发酵，聚集大量有害气体（如一氧化碳、硫化氢、二氧化硫、沼气等），人员吸入中毒、窒息。

一、作业现场要求

（1）打开沟道（池、井）的盖板或人孔门，保持良好通风。

（2）检测沟道（池、井）内的有害气体含量不超标。

（3）地下维护室至少打开 2 个人孔门，每个人孔门上放置通风筒或导风板，一个正对来风方向；另一个正对去风方向，确保通风畅通。

（4）当沟道（池、井）内通风不畅时，可装设鼓风机强制通风。严禁通入氧气，如图 3-29 所示。

图 3-29　装设鼓风机强制通风

（5）沟道（池、井）出入口处应装设脚蹬（间距 30~40cm）或固定铁梯，并保持通道畅通，如图 3-30 所示。

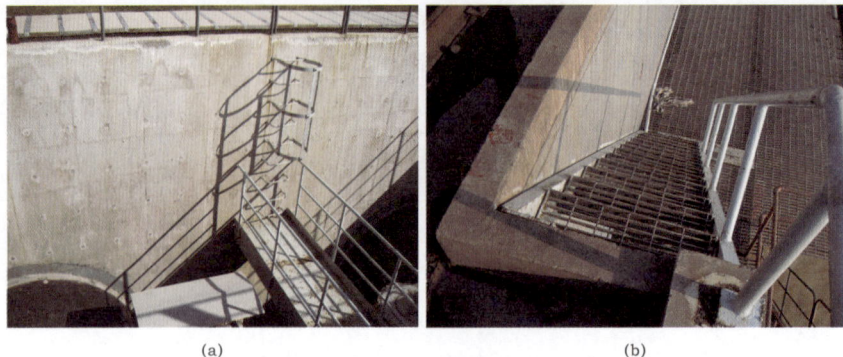

| (a) | (b) |

图 3-30　装设脚蹬或固定铁梯
（a）形式一；（b）形式二

（6）沟道（池、井）内的作业场所照明充足，照明电压小于或等于24V。

（7）地下沟道内的温度不得超过50℃。

（8）沟道（池、井）外悬挂"在此工作"提示牌，如图3-31所示。

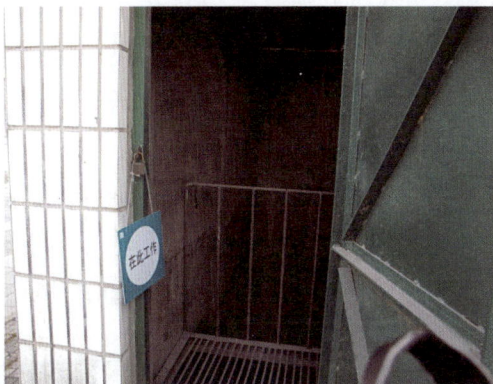

图3-31　沟道外悬挂"在此工作"提示牌

二、作业行为要求

（1）进入沟道前必须先通风再作业，如图3-32所示。

图3-32　进入沟道前先通风

（2）进入槽箱、水池内时，作业人员应佩戴正压式呼吸器。严禁佩戴过滤式防毒面具。

（3）在地下维护室内对设备进行操作、巡视、维护或检修时，不得少于2人。

（4）沟道（池、井）外必须设专人监护，且与沟道（池、井）内的人员定时喊话联系。

（5）进入沟道（池、井）30min前，必须检测有害气体浓度。氧气浓度应保持在19.5%~21%范围内。

（6）在沟道（池、井）内长时间作业时，应每隔2h检测一次有害气体浓度，作业中断超过30min应重新检测。

（7）严禁采用明火的方法检测气体浓度，如图3-33所示。

图3-33　明火检测气体浓度

（8）沟道（池、井）内有人作业时，必须保持良好通风（见图3-34）。严禁关闭人孔门或盖板。

（9）井下或池内的作业人员必须系好安全带，安全绳的一端必须握在监护人手中，如图3-35所示。

图 3-34 沟道（池、井）有人作业时，保持通风

图 3-35 监护人手握安全绳的一端

（10）当沟道（池、井）内的人员感到身体不适时，必须立即撤离现场，如图 3-36 所示。

（11）地下维护室、沟道或井下的温度超过 50℃时，不得进入作业。

（12）在地下连续长时间作业时，必须采取定时轮换作业方法。

125

图 3-36 沟道内人员身体不适

（13）当沟道（池、井）内有人中毒、窒息时，施救人员必须佩戴好防毒面具，方准进入，如图 3-37 所示。

图 3-37 下井施救人员佩戴防毒面具

（14）在关闭沟道（池、井）的人孔门或盖板前，必须清点人数，并喊话确认无人，如图 3-38 所示。

图 3-38　关闭盖板前清点人数

第五节　煤灰斗（仓）内中毒防控

　　发电企业的主要煤灰斗（仓）有灰斗、灰罐（仓）、脱硫塔、原煤仓、煤粉仓等。在煤灰斗（仓）内作业时，由于空气不易流动，原煤仓、煤粉仓内聚集有一氧化碳，脱硫塔内聚集酸（碱）有害气体等，人员吸入中毒、窒息。

一、作业现场要求

　　（1）清空煤灰斗（仓）。

　　（2）关闭煤灰斗（仓）的所有闸门，并上锁。

　　（3）打开煤灰斗（仓）盖板，保持良好通风。必要时强制通风。

　　（4）检测煤灰斗（仓）内的有害气体浓度或用小动物做试验，如图 3-39 所示。

　　（5）煤灰斗（仓）内应架设梯子，且有逃生通道，如图 3-40 所示。

图 3-39　用小动物做试验

图 3-40　煤灰斗（仓）内架设梯子

（6）煤灰斗（仓）内的温度不得超过 50℃。

（7）煤灰斗（仓）内照明充足，照明电压为 12V。

（8）煤灰斗（仓）外悬挂"在此工作"提示牌。

二、作业行为要求

（1）进入煤灰斗（仓）的人员应戴防毒面罩、防护眼镜、手套，袖口、裤脚应用带子扎紧或穿专用防尘服。

（2）进入煤灰斗（仓）30min 前，必须检测有害气体的浓度。

（3）煤灰斗（仓）外必须设 2 名专职监护人，并保证通信畅通。

（4）煤灰斗（仓）内的人员必须系好安全带，安全绳的一端必须握在监护人手中，如图 3-41 所示。

（5）在煤灰斗（仓）内长时间作业时，应每隔 2h 检测一次有害气体浓度。作业中断超过 30min 应重新检测，如图 3-42 所示。

（6）当煤灰斗（仓）内的人员感到身体不适时，必须立即撤离现场。

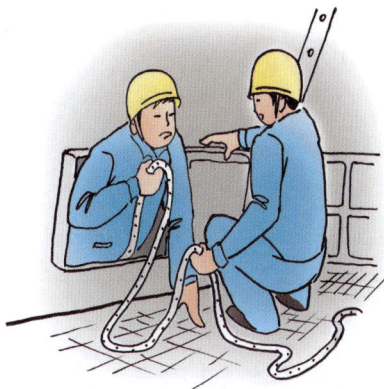

图 3-41　作业人员系好安全带，监控人手握安全绳另一端

图 3-42　煤灰斗（仓）内长时间作业

（7）严禁进入有煤（灰）的煤斗（仓）内捅煤（灰）作业。

（8）储煤筒仓堵塞时，应用压缩空气等破拱，不得进入储煤筒仓内戳煤。

（9）进入烟气系统（包括原烟气烟道，净烟气烟道、脱硫塔、烟气换热器、增压风机等）前，必须先通风换气，合格后方可作业。

（10）在锅炉的燃烧室、烟道内作业时，不得漏进烟、热风、煤粉等介质。

（11）进出烟道应使用梯子(绳梯)，烟道内有人时严禁使用吸风机通风。

（12）清扫烟道时，人应站在上风位置，不得站在下风烟道内。

（13）灰库内有积灰时，严禁进入作业。

（14）煤（粉）斗内有燃着或冒烟的煤时，严禁入内。

（15）发现煤灰斗（仓）内有人中毒、窒息后，施救人员必须佩戴防毒面具，方可进行施救，如图 3-43 所示。

图 3-43　现场施救

（16）在煤灰斗（仓）内作业时，应采用轮流工作与休息，检修结束应清点人数。

第六节　危险化学品中毒防控

危险化学品是指具有毒害、腐蚀、爆炸、燃烧、助燃等性质，对人体、设施、环境具有危害的剧毒化学品和其他化学品。发电企业常见的有可能引起中毒、窒息的危险化学品有六氟化硫、液氯、液氨、联氨、氨水、硫酸、盐酸及剧毒化学药品等。

一、作业现场要求

（1）危险化学品应在具有"危险化学品经营许可证"的商店购买。不得购买无厂家标志、无生产日期、无安全技术说明书和安全标签的"三无"危险化学品。

（2）危险化学品专用仓库必须装设机械通风装置、冲洗水源及排水设施。

（3）危险化学品必须专人管理，建立健全档案、台账，并有出入库登记。

（4）有毒、致癌、有挥发性等药品必须储放在隔离房间和保险柜内，保险柜应双锁、双人、双账管理，装设电子监控设备，并挂"当心中毒"警示牌，如图3-44所示。

图3-44 "当心中毒"警示牌

（5）化学试验室必须装设通风柜和机械通风设备，如图3-45所示。

图3-45 通风柜和机械通风设备

（6）化学酸库应装设酸雾吸收装置。

（7）盛装药品的瓶子上应贴有标签，分类摆放。严禁使用没有标签的药品。

（8）易起反应的化学药品储放在相邻地方时，必须采取可靠的物理隔离。

（9）化验室应有自来水、通风设备、消防器材，急救药箱、酸（碱）伤害急救中和用药、毛巾、肥皂等物品，如图 3-46 所示。

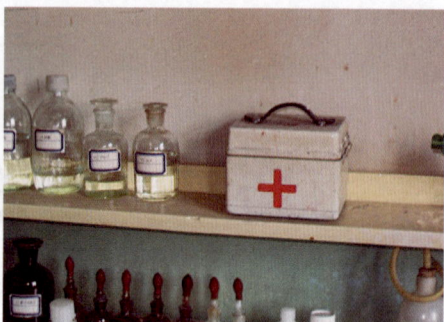

图 3-46　急救药箱和中和用药

（10）氯气室（屋）顶应装设喷淋设施，水阀门应装在室外，并有排气风扇。氯气瓶应涂有暗绿色"液氯"字样标志。严禁氯气瓶或加氯机靠近采暖设施，如图 3-47 所示。

图 3-47　氯气瓶靠近采暖设施

（11）氨区必须配备风向标、氨气泄露报警仪。氨水、联氨储罐及管道应有"剧毒危险、易燃易爆危险"标志，如图3-48所示。

图3-48　氨区配备设施
（a）风向标；（b）氨气泄漏报警仪

（12）电解制氯间内应挂有"严禁烟火""当心中毒""当心腐蚀"警示牌。

（13）六氟化硫电气设备室必须装设机械排风装置，其排气口距地面高度应小于0.30m，并装有六氟化硫泄漏报警仪，且电缆沟道必须与其他沟道可靠隔离。

（14）水银仪表修理场所的安全要求：

1）水银仪表修理场所应设在同一楼房内的底层，且与其他房间可靠隔离。

2）室内应装设机械通风装置。

3）室内墙壁应涂刷油漆，油漆的高度应占墙壁高度的2/3。

4）室内地面应平滑、严密无缝（如水磨石地面），地面应略向一边倾斜，排水沟应有单独积水井。

5）室内修理台应光滑无缝，四周边缘应高起，台面有一角应较低，以便水银流入到台下的容器内。

6）定期测量室内含汞量。

（15）作业现场应放置一个含有毒有害废弃擦拭材料的专用收集铁箱。

▌二、安全作业行为

（1）化验人员必须穿专用工作服，戴防护口罩、防护眼镜、防酸（碱）手套。必要时穿橡胶围裙和橡胶靴。

（2）剧毒化学药品必须报当地安监部门和公安机关备案。

（3）配制有毒性、致癌或有挥发性等药品时，室内应在通风橱内进行（见图3-49），室外应站在上风口进行。

图 3-49　在通风橱内操作

（4）露天装卸化学药品（溶液）或从事其他作业时，人应站在上风口作业，如图3-50所示。

图 3-50　人员站在上风口作业

（5）严禁用口尝和正对瓶口用鼻嗅的方法鉴别药品。

（6）化学试验时，应用滴管或移液管吸取液体，严禁用口含玻璃管的方法吸取。

（7）室内作业时，应每隔 1~2h 到室外换气。若感到头痛、恶心、胸闷、心悸等不适症状，应立即停止作业，并到室外换气。

（8）严禁将化学药品放在饮食器具内。

（9）严禁将食品和食具放在化验室内。

（10）化学试验时，严禁一边作业一边饮水（食）。

（11）严禁用消防水、生产用水冲洗盛过危险化学品的车辆。

（12）进入尿素溶解罐前，必须将罐内浆液全部排空，充分通风，并测试罐内氨气残存量。

（13）含联氨的蒸汽不得作生活用汽。

（14）液氨卸料时，驾驶员必须离开驾驶室。但押运员、罐区卸车人员不得离岗。

（15）液氨卸料时，应排尽管内残余气体，严禁用空气压料和用有可能引起罐体内温度迅速升高的方法进行卸料。

（16）液氨罐车可用不高于45℃温水加热升温或用不大于设计压力的干燥惰性气体压送。

（17）氨气泄漏时，作业人员必须戴好防毒面具、胶皮手套后，方准进入现场。

（18）雷雨天气，严禁装卸液氨作业。

（19）严禁将氯瓶曝晒和用明火烤，严禁用沸水浇氯瓶安全阀。

（20）氯气漏出时，作业人员应戴上防毒面具，关闭门窗，开启室内淋水阀门，将氯瓶放入碱水池中，然后用排气风扇抽出余氯。

（21）氢罐、油罐、酸（碱）罐清扫检修前，先检测有害气体浓度，合格后方准作业。

（22）对撒落的磷酸酯抗燃油应用锯末或棉纱汲取收集，采取高温焚烧处理。

（23）磷酸酯抗燃油着火时，灭火人员必须佩戴防毒面具，应用二氧化碳及干粉灭火器灭火，不得用水灭火。

（24）水银仪表工作人员应戴乳胶手套（外科手术用的），不得用手直接接触水银，不得用嘴含工具吸水银，不得在水银仪表工作的房屋内饮食。

（25）往仪器内部灌注水银时，盛水银的容器内必须覆盖一层清水。从仪表往外放水银时，应放入盛有清水的容器内。

（26）水银工作用过的废棉纱、抹布及清除的垃圾、报废的水银灯、水银器件等不得随意抛弃，应集中保管，妥善处理，防止水银扩散。

（27）六氟化硫电气设备发生故障造成气体外逸时，周边人员应立即撤离现场，如图3-51所示。

图 3-51　六氟化硫气体外逸时，组织人员撤离

（28）用过的擦拭材料（抹布和棉纱头等）应放在废棉纱的专用铁箱内，并及时清除。

第七节　刷（喷）漆中毒防控

刷（喷）漆作业包括粉刷油漆（涂料）及防腐涂料。其中，油漆（涂料）是由颜料、溶剂、树脂、异氰酸酯固化剂等配制而成的化工产品；防腐涂料是由成膜物质（油脂、树脂）与填料、颜料、增韧剂、有机剂等按一定的比例配制而成。其对人体健康的危害很大，长时间从事油漆（涂料）的作业人员会导致人体乏力、胸闷、呕吐、头晕等症状。发电企业常见的防腐作业场所有脱硫塔、化学酸碱池、凝结器、架构防腐等。

一、作业现场要求

（1）室外刷（喷）漆作业前，必须保证现场周边开阔、空气流动。

（2）室内刷（喷）漆作业前，必须打开全部窗户，开启机械通风装置。

（3）在受限空间内刷（喷）漆前，必须保证现场空气流动，必要时可用风机通风。

（4）刷（喷）漆作业现场不得超量存放易燃物品，如图 3-52 所示。

图 3-52　刷（喷）漆作业现场超量存放易燃物品

二、作业行为要求

（1）刷（喷）漆作业人员必须戴口罩，必要时戴防毒面具。

（2）刷（喷）漆作业时间较长时，应采取定时轮换作业方法。

（3）在受限空间内刷（喷）漆时，必须设监护人，如图 3-53 所示。

（4）刷（喷）漆中作业人员感到身体不适时，必须立即撤离现场。

（5）刷（喷）漆作业现场严禁明火，并备好灭火器材。

图 3-53 受限空间内刷（喷）漆时设监护人

（6）严禁用氧气作为喷枪气源，如图 3-54 所示。

（7）严禁在热体上直接刷（喷）漆作业，如图 3-55 所示。

图 3-54 用氧气作为喷枪气源

图 3-55 在热体上直接刷（喷）漆作业

第八节　中毒与窒息防控安全措施

中毒窒息属于常见的事故之一。经常发生在有限空间、井下、危险化学品场所，主要是在封闭或者部分封闭，与外界相对隔离，出入口较为狭窄，自然通风不良，容易造成工作场所缺氧、有毒气体积集，导致工作人员缺氧窒息、中毒窒息，为防止此类事故的发生，针对现场作业的特点制订以下安全措施。

一、安全管理措施

（一）人员要求

在有可能中毒、窒息场所的作业人员必须掌握作业区域内有毒气体及空气质量情况，学会防护、自救和急救常识。

（二）着装要求

（1）进入粉尘较大的场所作业时，作业人员必须佩戴防尘口罩。

（2）进入有害气体的场所作业时，作业人员必须佩戴防毒面罩。

（3）进入酸气较大的场所作业时，作业人员必须佩戴套头式防毒面具。

（4）进入液氨泄漏的场所作业时，作业人员必须穿好重型防化服。

中毒与窒息着装要求，如图 3-56 所示。

（三）个体防护要求

发电企业常用的个体防护用品有防尘口罩、防毒面罩（具）、正压式呼吸器、重型防护服。必须选用具有国家《劳动防护用品安全生产许可证书》资质单位的产品，并有"生产许可证""产品合格证"。

（1）使用防尘口罩时，应检查口罩外观完好，过滤器里面的填充过滤材料有效，如图 3-57 所示。

图 3-56　防中毒和窒息着装要求

图 3-57　防尘口罩

（2）使用防毒面罩（具）时，应检查面罩外观完好，过滤器里面的填充活性炭或其他过滤材料有效。在容器或水内作业时，禁止使用过滤式防毒面罩（具），如图 3-58 所示。

（3）重型防化服。防化服由耐腐蚀材料制作，可防毒气、化学腐蚀品侵袭，常用于发电厂液氨泄漏处理等工作。防化服放置六个月（半年）必须目视检查，每年进行一次气密性检查。其安全使用要求是：

图 3-58　防毒面罩

1）防化服不得与火焰及熔化物直接接触。

2）使用前检查防化服外观，确认完好无损后，按以下步骤穿着防化服：

a.首先佩戴空气呼吸器，打开呼吸器阀门。

b.调节呼吸器肩带，戴上面具，再戴调节器，气体进入口向下倾斜 45°。

c.检查面具的密封性及气瓶的压力。

d.穿上靴子和防化服，将拉链拉至腰间，拉链两边要平行，戴上袖子。

e.戴上头盔，拉上拉链，戴上手套。

3）使用时，必须注意头罩与面具（罩）紧密配合，颈扣带、胸部扣扣紧，保证颈部、胸部气密。腰带必须收紧，以减少运动时的"风箱效应"。

（4）正压式空气呼吸器（见图 3-59）应满足以下安全要求：

1）必须有生产许可证、产品合格证。

2）必须经地方消防管理部门检验，并有"检验合格证"。检验周期

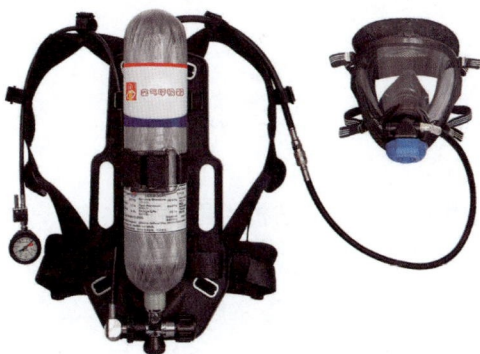

图 3-59　正压式空气呼吸器

为三年。

3）使用前应检查镜片、系带、背具、各类气阀等完好，并做充压试验，压力表指示正常（28~30MPa），无泄漏现象，气源余压报警器工作正常。

（四）安全技能要求

（1）参加有限空间作业人员必须熟悉作业安全措施、施工方案及作业过程中存在的危险因素，掌握现场应急救援程序与措施。

（2）从事危险化学品作业、刷（喷）漆作业人员必须掌握危险化学品的毒害、腐蚀、爆炸、燃烧等特性，熟悉安全管理要求，掌握现场应急救援程序与措施。

（五）现场安全管理

（1）工作负责人组织工作班成员到现场进行风险辨识，制订防控措施并学习签字。

（2）工作负责人负责安全技术交底：作业内容、危险因素、注意事项、安全措施和现场应急处置措施等，确认现场安全措施完备正确。

（3）作业人员正确佩戴个人防护用品（安全帽、工作服、防护口罩、防护眼镜、防毒面具和手套等）。

║二、安全技术措施

（一）有限空间作业安全技术措施

1. 作业前

（1）必须使用检验合格的防护用品。

（2）检测氧浓度、易燃易爆物质（可燃性气体、爆炸性粉尘）浓度、有毒有害气体浓度等在允许规定值内。氧气浓度必须保持在19.5%~21% 范围内。严禁使用通氧气的方法解决缺氧问题。

（3）检测仪器在使用前应校验合格，必要时可进行小动物活体试验。

（4）对长期不通风，且可能存在有机物的有限空间，必须检测硫化氢、甲烷、一氧化碳、二氧化碳气体浓度。

（5）在有限空间内从事衬胶、涂漆、刷环氧树脂等具有挥发性溶剂工作时，必须进行强力通风。

（6）地下维护室至少打开 2 个人孔门，每个人孔门上放置通风筒或导风板，一个正对来风方向，另一个正对去风方向。

（7）在存在坍塌掩埋场所作业时，作业人员佩戴的安全带必须挂有安全绳，安全绳的另一端必须握在监护人手中，且牢固地连接到外部固定物体上。

（8）从事衬胶、涂漆、刷环氧树脂等具有挥发性溶剂工作时，工作场所应备有泡沫灭火器和干砂等工具，严禁明火。

2. 作业中

（1）长时间作业时，应每隔2h检测一次有害气体含量，作业中断超过 30min 应重新检测。

（2）存在坍塌掩埋场所作业时，应先测明介质储量，并采用由上至下清理物料的作业程序，严禁在下方掏挖物料作业。

（3）在高温场所作业时，必须合理安排工作时间，配备防暑降温药品和饮用水；必要时采取强行机械通风措施。

（4）在容器（仓、罐）内作业时禁止使用软梯，有火险可能的工作环境如果使用木梯、竹（木）质脚手架时，必须采取可靠的防火措施。

（5）进入金属容器、管道、舱室和特别潮湿、工作场地狭窄的非金属容器内作业，照明电压不大于12V；需使用电动工具或照明电压大于12V时，必须安装漏电保护器。

（6）作业环境存在爆炸性液体、气体、粉尘等介质时，应动态监测，浓度超标严禁作业；应使用防爆电筒或电压不大于12V的防爆安全行灯；作业人员应穿戴防静电服装；使用防爆工具；配备可燃气体报警仪器，并设置足够适用的灭火器材。

（7）停工期间，在有限空间的入口处设置"危险！严禁入内"警示牌或采取其他封闭措施，防止人员误入。

（8）每次作业结束后或暂停作业，现场监护人应确认氧气、乙炔带撤出有限空间。

3.作业后

（1）作业结束后，必须清点工具和人数，必要时向有限空间内喊话。

（2）清理现场工具和物料，消除现场安全隐患。

（3）作业人员全部撤离现场，工作负责人办理工作票终结手续。

（二）危险化学品作业安全技术措施

1.作业前

（1）化学工作人员必须穿专用工作服，戴防护口罩、防护眼镜、防酸（碱）手套。必要时穿橡胶围裙和橡胶靴。

（2）配制有毒性、致癌或有挥发性等药品时，室内应在通风柜橱内进行，室外应站在上风口进行。

（3）露天装卸化学药品（溶液）或从事其他作业时，人应站在上风口作业。

（4）进入尿素溶解罐前，必须将罐内浆液全部排空，充分通风，并测试罐内氨气残存量。

（5）氢罐、油罐、酸（碱）罐清扫或检修前，先检测有害气体浓度，合格后方准作业。

2.作业中

（1）在化学实验时，严禁一边作业一边饮（水）食。

（2）严禁用口尝和正对瓶口用鼻嗅的方法鉴别药品。

（3）化学试验时，应用滴管或移液管吸取液体，严禁用口含玻璃管的方法吸取。

（4）室内作业时，应每隔 1~2h 到室外换气。若感到头痛、恶心、胸闷、心悸等不适症状，应立即停止作业，并到室外换气。

（5）液氨卸料时，驾驶员必须离开驾驶室。但押运员、罐区卸车人员不得离岗。

（6）液氨卸料时，应排尽管内残余气体，严禁用空气压料和用有可能引起罐体内温度迅速升高的方法进行卸料。

（7）液氨罐车可用不高于 45℃ 温水加热升温或用不大于设计压力的干燥惰性气体压送。

（8）氨气泄漏时，作业人员必须戴好防毒面具、胶皮手套后，方准进入现场。

（9）氯气漏出时，作业人员应戴上防毒面具，关闭门窗，开启室内淋水阀门，将氯瓶放入碱水池中，然后用排气风扇抽出余氯。

（10）磷酸酯抗燃油着火时，灭火人员必须佩戴防毒面具，应用二氧化碳及干粉灭火器灭火，不得用水灭火。

（11）水银仪表工作人员应戴乳胶手套（外科手术用的），不得用手直接接触水银，不得用嘴含工具吸水银，不得在水银仪表工作的房屋内饮食。

（12）往仪器内部灌注水银时，盛水银的容器内必须覆盖一层清水。从仪表往外放水银时，应放入盛有清水的容器内。

（13）六氟化硫电气设备发生故障造成气体外逸时，周边人员应立即撤离现场。

3. 作业后

（1）用过的擦拭材料（抹布和棉纱头等）应放在废棉纱的专用铁箱内，并及时清除。

（2）水银工作用过的废棉纱、抹布以及清除的垃圾、报废的水银灯、水银器件等不得随意抛弃，应集中保管，妥善处理，防止水银扩散。

（3）对撒落的磷酸酯抗燃油应用锯末或棉纱汲取收集，采取高温焚烧处理。

（4）工作结束后，接触化学试验的工作人员必须及时换衣洗手。

（三）涂刷（漆）作业安全技术措施

1. 作业前

（1）室外刷（喷）漆作业前，必须保证现场周边开阔、空气流动。

（2）室内刷（喷）漆作业前，必须打开全部窗户，开启机械通风装置。

（3）在受限空间内刷（喷）漆前，必须保证现场空气流动，必要时可用风机通风。

（4）刷（喷）漆作业现场不得超量存放易燃物品。

2. 作业中

（1）刷（喷）漆作业人员必须戴口罩，必要时戴防毒面具。

（2）刷（喷）漆作业时间较长时，应采取定时轮换作业方法。

（3）在有限空间内刷（喷）漆时，必须设监护人。

（4）刷（喷）漆中作业人员感到身体不适时，必须立即撤离现场。

（5）刷（喷）漆作业现场严禁明火，并配备好灭火器材。

（6）严禁用氧气作为喷枪气源。

（7）严禁在热体上直接刷（喷）漆作业。

3. 作业后

（1）将易燃物品放置库房妥善保管。

（2）清理现场，收回工具和材料。严禁焚烧工业垃圾。

（3）工作结束后，工作人员必须及时换衣洗手。

第九节　防止中毒与窒息等事故的相关内容

2014 年 4 月 15 日，国家能源局印发了《防止电力生产事故的二十五项重点要求》（国能安全〔2014〕161 号），其中，"防止人身伤亡事故"中的"防止中毒与窒息伤害事故""防止液氨储罐泄漏、中毒、爆炸伤人事故""防止烟气脱硫设备及其系统中人身伤亡事故"内容如下：

一、防止中毒与窒息伤害事故

（1）在受限空间（如电缆沟、烟道内、管道等）内长时间作业时，必须保持通风良好，防缺氧窒息。

在沟道（池）内作业时 [如电缆沟、烟道、中水前池、污水池、化粪池、阀门井、排污管道、地沟（坑）、地下室等]，为防止作业人员吸入一氧化碳、硫化氢、二氧化硫、沼气等中毒、窒息，必须做好以下措施：

1）打开沟道（池、井）的盖板或人孔门，保持良好通风，严禁关闭人孔门或盖板。

2）进入沟道（池、井）内施工前，应用鼓风机向内进行吹风，保持空气循环，并检查沟道（池、井）丙的有害气体含量不超标，氧气浓度保持在 19.5%~21% 范围内。

3）地下维护室至少打开 2 个人孔，每个人孔上放置通风筒或导风板，一个正对来风方向，另一个正对去风方向，确保通风畅通。

4）井下或池内作业人员必须系好安全带和安全绳，安全绳的一端必须握在监护人手中，当作业人员感到身体不适，必须立即撤离现场。在关闭人孔门或盖板前，必须清点人数，并喊话确认无人。

（2）对容器内的有害气体置换时，吹扫必须彻底，不留残留气体，防止人员中毒。进入容器内作业时，必须先测量容器内部氧气含量，低于规定值不得进入，同时做好逃生措施，并保持通风良好，严禁向容器肉输送氧气。容器外设专人监护且与容器内人员定时喊话联系。

（3）进入粉尘较大的场所作业，作业人员必须戴防尘口罩。进入有害气体的场所作业，作业人员必须佩戴防毒面罩。进入酸气较大的场所作业，作业人员必须戴好套头式防毒面具。进入液氨泄漏的场所作业时，作业人员必须穿好重型防化服。

（4）危险化学品应在具有"危险化学品经营许可证"的商店购买，不得购买无厂家标志、无生产日期、无安全说明书和安全标签的"三无"危险化学品。

（5）危险化学品专用仓库必须装设机械通风装置、冲洗水源及排水设施，并设专人管理，建立健全档案、台账，并有出入库登记。化学实验室必须装设通风和机械通风设备，应有自来水、消防器械、急救药箱、酸（碱）伤害急救中和用药、毛巾、肥皂等。

（6）有毒、致癌、有挥发性等物品必须储藏在隔离房间和保险柜内，保险柜应装设双锁，并双人、双账管理，装设电子监控设备，并挂"当心中毒"警示牌。

（7）六氟化硫电气设备室必须装设机械排风装置，其排风机电源开关应设置在门外。排气口距地面高度应小于 0.3m，并装有六氟化硫泄漏报警仪，且电缆沟道必须与其他沟道可靠隔离。

（8）化验人员必须穿专用工作服，必要时戴防护口罩、防护眼镜、防酸（碱）手套、穿橡胶围裙和橡胶鞋。化学实验时，严禁一边作业一边饮（水）食。

二、防止液氨储罐泄漏、中毒、爆炸伤人事故

（1）液氨储罐区须由具有综合甲级资质或者化工、石化专业甲级设计资质的化工、石化设计单位设计。储罐、管道、阀门、法兰等必须严格把好质量关，并定期检验、检测、试压。

（2）防止液氨储罐意外受热或罐体温度过高而致使饱和蒸汽压力显著增加。

（3）加强液氨储罐的运行管理，严格控制液氨储罐充装量，液氨储罐的储存体积不应超出 50%~80% 储罐容器，严禁过量充装，防止因超压而发生罐体开裂或阀门顶脱、液氨泄漏伤人。

（4）在储罐四周安装水喷淋装置，当储罐罐体温度过高时自动淋水装置启动，防止液氨罐受热、爆洒。

（5）设置安全警示标志，严禁吸烟、火种和穿带钉皮鞋进入罐区和有火灾爆炸危险原料储存场所。

（6）检修时做好防护措施，严格执行动火票审批制度，并加强监护和防范措施，空罐检修时，采取措施防止空气漏入管内形成爆炸性混合气体。

（7）严格执行防雷电、防静电措施，设置符合规程的避雷装置，按照规范要求在罐区入口设置放静电装置，易燃物质的管道、法兰等应有防静电接地措施，电气设备应采用防爆电气设备。

（8）完善储运等生产设施的安全阀、压力表、放空管、氮气吹扫置换口等安全装置，并做好日常维护；严禁使用软管卸氨，应采用金属万向管道充装系统卸氨。

（9）氨储存箱、氨计量箱的排气，应设置氨气吸收装置。

（10）加强管理、严格工艺措施，防止跑、冒、漏；充装液氨的罐体上严禁实施焊接、防止因罐体内液面以上部位达到爆炸极限的混合气体发生爆炸。

（11）坚持巡回检查，发现问题及时处理，避免因外环境腐蚀发生液氨泄漏。

（12）槽车卸车作业时应严格遵守操作规程，卸车过程应有专人监护。

（13）加强进入氨区车辆管理，严禁未装阻火器机动车辆进入火灾、爆炸危险区，运送物料的机动车辆必须正确行驶，不能发生任何故障和车祸。

（14）设置符合规定要求的消防灭火器材，液氨储罐区应设置风向标，及时掌握风向变化；发生事故时，应及时撤离影响范围内的工作人员，氨区作业人员必须佩戴防毒面具，并及时撤离影响范围内的人员。

（15）正确穿戴劳动防护用品，严禁穿戴易产生静电服装，作业人员实施操作时，应按规定佩戴个人防护品，避免因正常工作时或事故状态下吸入过量氨气。

（16）建立氨管理制度，加强相关人员的业务知识培训，使用和储存人员必须熟悉氨的性质；杜绝误操作和习惯性违章。

（17）液氨厂外运输应加强安全措施，不得随意找社会车辆进行液氨运输。电厂应与具有危险货物运输资质的单位签订专项液氨运输协议。

（18）由于液氨泄漏后与空气混合形成密度比空气大的蒸气云，为避免人员穿越"氨云"，氨区控制室和配电间出入门口不得朝向装置间。制订应急救援预案，并定期组织演练。

（19）氨区所有电气设备、远传仪表、执行机构、热控盘柜等均选用相应等级的防爆设备，防爆结构选用隔爆型（Ex-d），防爆等级不低于 IIAT1。

三、防止烟气脱硫设备及其系统中人身伤亡事故

（1）新建、改建和扩建电厂的吸收塔及内部支撑架、烟道、浆液箱罐、烟气挡板、浆液管道、烟囱做防腐处理时，应选择耐腐蚀、耐磨损的材料，对浆液泵及搅拌器、浆液管道、旋流器、膨胀节要做防磨处理，并加强日常监视、检查、检修、维护，防止由于设备腐蚀、卡湿带来的安全隐患。

（2）防止脱硫塔进口烟气温度过高损坏防腐层。及时修复损坏的防腐层和更换损坏的衬肢管。

（3）加强石灰石粉输送系统防尘措施，防止粉尘飞扬对作业人员造成职业健康伤害。在脱硫石膏装载作业时，必须在确认运输车厢（罐）内无人后才能进行装载作业。

（4）加强浆液池等盛装液体的沟池的安全防护，有淹溺危险的场所必须设置盖板，并做到盖板严密，以防作业人员落入沟池。

（5）进入脱硫塔前，必须打开人孔门进行通风，在有毒气体浓度降低到允许值以下才能进入。进入脱硫塔检修，必须在外设专人监护。

（6）加强保安电源的维护，发生全厂停电或者脱硫系统突然停电时，保安电源能确保及时启动并向脱硫系统供电。

（7）加强对脱硫系统工作人员，尤其是施工人员的安全教育，强化工人安全意识，加强施工现场和运行作业时的安全管理、巡检到位，确保设备及人身安全。